HUMBOLDTS ERBEN

1

Herausgegeben von Gisela Graichen

Ich fand Goethe in einer sehr aufgeregten Stimmung. »Alexander von Humboldt ist diesen Morgen einige Stunden bei mir gewesen«, sagte er mir sehr belebt entgegen. »Was ist das für ein Mann! – Ich kenne ihn so lange und doch bin ich von neuem über ihn in Erstaunen. Man kann sagen, er hat an Kenntnissen und lebendigem Wissen nicht seinesgleichen. Und eine Vielseitigkeit, wie sie mir gleichfalls noch nicht vorgekommen ist! Wohin man rührt, er ist überall zu Hause und überschüttet uns mit geistigen Schätzen. Er gleicht einem Brunnen mit vielen Röhren, wo man überall nur Gefäße unterzuhalten braucht und wo es uns immer erquicklich und unerschöpflich entgegenströmt. Er wird einige Tage hier bleiben, und ich fühle es schon, es wird mir sein, als hätte ich Jahre verlebt.«

Goethe im Gespräch mit Eckermann, 11. Dezember 1826

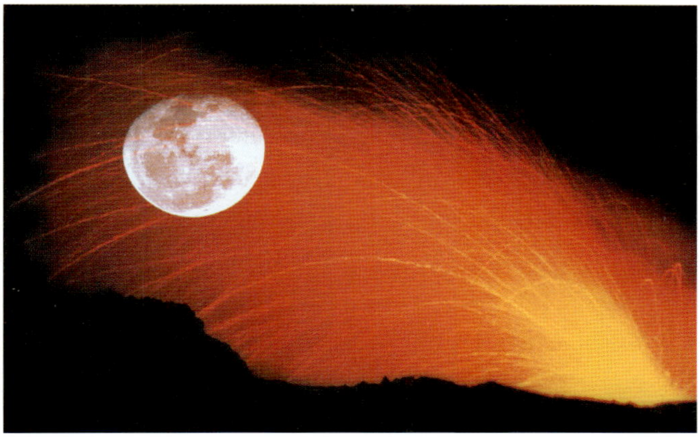

HUMBOLDTS ERBEN 1

EXPEDITIONEN ZU DEN GRENZEN DES WISSENS

Herausgegeben
von Gisela Graichen

In Zusammenarbeit mit der
Deutschen Forschungsgemeinschaft
DFG

Gustav Lübbe Verlag

Abbildung auf dem Vorsatz:
Noch längst sind nicht alle Rätsel auf unserem Planeten gelöst – und nicht immer ist es nur teuerste Hightech, die die Forschung vorantreibt. Wie zu Alexander von Humboldts Zeiten ist es der Mensch, der die richtigen Fragen stellen muss.

Abbildung auf dem Nachsatz:
Unterwasserforschung im winterlichen Baikal-See. Für Humboldt und seine Zeitgenossen waren die Tiefen der Seen und Meere noch weitgehend unzugänglich.

Gustav Lübbe Verlag ist ein Imprint der Verlagsgruppe Lübbe

Originalausgabe

Textredaktion:
Diethelm Kaiser, Berlin
Schutzumschlag, Layout und Satz:
JahnDesign Thomas Jahn, Erpel/Rhein,
unter Verwendung eines Fotos von Bavaria
Gesetzt aus der DTL Documenta
Reproduktion:
Media-Print, Bergisch Gladbach
Druck und Einband:
Franz Spiegel Buch GmbH, Ulm

Printed in Germany
ISBN 3-7857-2021-1

5 4 3 2 1

Sie finden uns im Internet unter:
http://www.luebbe.de

VORWORT

»Wissenschaft im Fernsehen« – wie viele Aufsätze, Erhebungen und Studien sind zu diesem Thema schon verfasst worden? Wenig haben sie bewegt. Aber manchmal kommt Bewegung auf ganz andere Weise und unerwartet in die Sache: So war es ein Glückstag, als Gisela Graichen zum ersten Mal die DFG-Geschäftsstelle in Bonn besuchte. Als Autorin der erfolgreichen Wissenschaftsreihen *Schliemanns Erben* und *C 14 – Archäologische Entdeckungen in Deutschland* suchte sie Kontakt zur DFG. Am Ende eines langen und ertragreichen Gesprächs wurde der Faden zwischen Gisela Graichen und Eva-Maria Streier, der Pressesprecherin der DFG, weitergesponnen: Warum nicht ganz andere Wissenschaftsgebiete in den Blick nehmen? Der Funke war übergesprungen, der Grundstein für *Humboldts Erben* gelegt.

Aus dem reichen Fundus der DFG – wir fördern jährlich mehr als 20 000 Forschungsprojekte in allen Wissenschaftsgebieten – wurden Themen gewählt, die ein größeres Publikum interessieren. So entstanden für *Humboldts Erben* Reportagen an exotischen Orten, in denen die Spannbreite und auch die Faszination der modernen Forschung deutlich werden können. Die DFG garantiert für qualitätsgeprüfte Projekte, die Autorin für enge Kooperation und Abstimmung mit den beteiligten Wissenschaftlern, die weitere Zusammenarbeit ermöglicht.

Ich danke meinen Kollegen Fiedler und Beck und ihren ecuadorianischen Partnern, Herrn Professor Stetter und seinen chilenischen Kollegen, Herrn Professor Ledderose und seinen chinesischen Partner sowie allen Kollegen vom Baikal-See-Projekt für die Kooperation. Der neuen Reihe, die den anspruchsvollen Namen des Universalgelehrten und Wissenschaftsvermittlers Alexander von Humboldt trägt, wünsche ich in Film und Buch besten Erfolg.

Professor Ernst-Ludwig Winnacker
Präsident der Deutschen Forschungsgemeinschaft

IM TAL DER HUNDERTJÄHRIGEN

Von Peter Prestel

Ivan Gaylor ist ein Mann der Tat. Ein Tag im Tal von Vilcabamba in den ecuadorianischen Anden sollte das Leben des Millionärs aus San Diego verändern. Ivan blickt in das Hochtal, das an der kontinentalen Wasserscheide Südamerikas liegt, und sieht trotz all der dort versammelten Naturschönheiten, der Andengipfel, der herabstürzenden Wasserfälle, der von Grün überbordenden Bergregenwälder nur eins: Feuer! Waldbrände, wohin er auch schaut. Es brennt bis zum Horizont. Und Ivan weiß, dass menschliche Gier die Ursache der Verwüstung ist. Neue Weideflächen für immer mehr Vieh sollen so an den ohnehin kaum zu bewirtschaftenden Steilhängen entstehen. Zerstört wird dabei eines der artenreichsten Ökosysteme der Welt.

»Es war, als würde ich die Bibliothek von Alexandria brennen sehen. Damals ging das Wissen der Antike im Feuersturm unter, und heute vernichten wir den biologischen Reichtum unserer Erde, bevor wir überhaupt angefangen haben, ihn zu verstehen. Die Katastrophe von Alexandria geschieht hier täglich, und keiner will sie wahrhaben. Dagegen musste ich etwas tun«, sagt Ivan Gaylor, und man sieht dabei in seinen Augen die Feuer brennen.

DAS GEHEIMNIS DER HUNDERTJÄHRIGEN

1 (Vorhergehende Doppelseite) Vilcabamba, Ecuador. Am Ortsrand steht ein verrostetes Schild: »Willkommen in Vilcabamba, im ›Tal der Hundertjährigen‹, wo die Menschen so alt werden wie nirgendwo sonst auf der Welt«. Weshalb werden die Menschen hier älter als anderswo?

Auf dem Weg ins Dorf trifft Ivan einen alten Mann, der sein Maniokfeld beackert. Eine anstrengende Arbeit. Ivan und seine Begleiter kommen nur zögerlich mit ihm ins Gespräch, als sie ihn nach den Feuern befragen. »Das war schon immer so«, sagt er abwiegelnd. Doch als Ivan wissen will, was für ihn »immer« bedeutet, hellt sich die Miene des Mannes auf. »Raten Sie mal, wie alt ich bin«, fordert er Ivan schmunzelnd auf.

»Ochenta« – achtzig, antwortet Ivan geradeheraus, und der Alte schweigt, um die Spannung zu steigern.

Dann strafft sich sein fast faltenloses Gesicht, seine Augen strahlen: »Ciento y tres!« – einhundertdrei Jahre sei er alt, erzählt der Bauer genüsslich den staunenden Gringos, und im Dorf gäbe es einige, die noch viel älter wären als er.

Auf der Fahrt nach Vilcabamba hinein passieren die Fremden ein verrostetes Schild, das die Angaben des Alten bestätigen soll: »Willkommen in Vilcabamba, im ›Tal der Hundertjährigen‹, wo die Menschen so alt werden wie nirgendwo sonst auf der Welt«, steht dort in großen Lettern zu lesen. Doch Ivan Gaylors Enttäuschung ist groß, als er sich erwartungsvoll auf der Plaza zu einem Pisco Sour niederlässt. Wo er hinschaut, nur junge Gesichter. Einheimische und erstaunlich viele Tramper aus den Vereinigten Staaten und Europa bevölkern den zentralen Dorfplatz. In den siebziger Jahren war Vilcabamba mit seinen gerade mal 1000 Einwohnern eine Hochburg der Hippie-Bewegung. Der Mythos von den Hundertjährigen hatte sie damals angezogen, und noch heute gehören Rasta-Locken und ein lockerer Umgang mit Rauchartikeln aller Art zum Straßenbild.

Ein schattiger Innenhof abseits der Plaza. Auf einer Bank sitzen zwei alte Frauen. Sie sehen aus wie Geschwister, tragen breitkrempige Hüte, das ist hier so Tracht, und nach jedem zweiten Satz unterbricht ein fröhliches Lachen ihr Gespräch. Ivan hat sie als Erster entdeckt, aber er wagt es nicht, näher zu kommen. Er will nicht stören. Doch als die Frauen ihn sehen, winken sie ihn heran und fragen ihn etwas auf Spanisch, das er jedoch nicht versteht. Amerikaner und Fremdsprachen, ein Kapitel für sich! Er lächelt verlegen, und die beiden Alten lachen lauthals auf. Erst jetzt erscheint Ivans ecuadorianischer Begleiter, und die Frauen beginnen zu erzählen. Nein, sie seien keine Geschwister, sondern Mutter und Tochter, die eine 87 und die andere 111 Jahre alt. Und wieder lachen sie. Ist das das Geheimnis ihres Alters? Oder nehmen sie den Amerikaner nur auf den Arm? Da erscheint, an Krücken gehend, ein Mann im Türbogen. Er ist blind, seine Bewegungen sind langsam, sein Atem geht schwer. Ernst sagt die ältere der beiden Frauen: »Das ist mein Mann, er ist krank, aber der Curandero hat gesagt, dass er sicher noch 120 wird.«

Curanderos, so werden im Andenhochland die Heiler genannt, die wie vor Hunderten von Jahren mit Naturmedizin die Beschwerden der Menschen lindern oder gar kurieren. Bisher weiß man im

Westen noch sehr wenig über ihre Kunst, allzu oft wurde ihr Wissen von unseren Schulmedizinern als »Hokuspokus« abgetan. Doch warum sollte es nicht einen Zusammenhang geben zwischen der Gesundheit und dem hohen Alter der Menschen hier und dem Wissen der Curanderos um die besondere Heilkraft der Andenkräuter? Bestürzt sieht Ivan, während er diesen Gedanken entwickelt, am Horizont immer noch die Feuer brennen. Verschwindet mit dem Wald und seinen unzähligen Pflanzen die Grundlage einer einzigartigen Heilkunde? Wird das Geheimnis der Hundertjährigen ein Raub der Flammen und somit für immer ungeklärt bleiben?

2 Hundert Jahre, und kein bisschen müde…

DAS FEUER IST ENTFACHT

Noch am gleichen Abend beschließt Ivan, eine Expedition von Wissenschaftlern zu finanzieren, die die Hochtäler Südecuadors rund um Vilcabamba erkunden sollen. Dabei fällt ihm der deutsche Biologe Rainer Bussmann wieder ein. Er hatte den Allgäuer in Afrika kennen gelernt. Bussmann erforschte bedrohte Wälder und ihre Heilpflanzen in Nordkenia und war abends im Camp mit ihm ins Gespräch gekommen. Es ging natürlich um Wissenschaft, aber auch darum, wie man die wissenschaftlichen Erkenntnisse in konkrete Maßnahmen zum Nutzen der Menschen und zum Schutz der Natur umsetzen könnte. Schon damals spielte der Geschäftsmann aus Kalifornien mit dem Gedanken, sich der Forschung anzunehmen. Gaylor war Ehrenpräsident des Museum of Man in San Diego, und seine Passion galt und gilt den Heilern und Schamanen Südamerikas, mit deren Vorstellungswelt er sich auf ausgedehnten Studienreisen intensiv beschäftigt hatte.

Als Rainer Bussmann den Anruf aus Amerika bekommt, ist er sofort mit von der Partie. Er begeistert einige Kollegen, und schon wenige Wochen später sitzen sie im Flugzeug nach Quito. Die

Provinzhauptstadt Loja im Süden Ecuadors ist ihr Ziel. Von dort aus erkunden sie das »Tal der Hundertjährigen« und andere Hochtäler der Region. Dabei stellt sich schnell heraus, dass die Gegend in und um den Podocarpus-Nationalpark für die Forscher am reizvollsten ist, hier ist der Bergregenwald noch ungestört, und eine schier unglaubliche Artenvielfalt erschließt sich dem Auge des Botanikers. Die Aufregung steigert sich noch, als die Gruppe erfährt, dass ein Streifen Wald, der zwischen zwei Nationalparkflächen liegt, zum Verkauf angeboten wird. Ivan Gaylor zögert nicht lange: »Let's buy it!«, kaufen wir den Wald, bevor es ein brandstiftender Viehzüchter tut. Auch über den Verwendungszweck des 1000 Hektar großen Areals mit dem klingenden Namen »San Francisco«, das sich über steile Berghänge in einer Höhe zwischen 1800 und 3150 Metern über dem Meeresspiegel erstreckt, ist schnell Einigkeit erzielt: Der Wald soll erhalten bleiben, er soll erforscht und die Ergebnisse der Forschung sollen zum Erhalt und zur Rückgewinnung von bedrohtem Naturraum in Ecuador genutzt werden. Seit dem Tag, an dem er den Kaufvertrag für »seinen« Wald unterschrieb, hat Ivan Gaylor eine Mission. Jetzt ist sein Feuer entfacht.

Ivan Gaylor wurde nicht als Millionär und Mäzen geboren. Seine Eltern waren arme Kleinbauern, die die Sandstürme des Dustbowls aus ihrer Heimat Oklahoma vertrieben und schließlich ins »Gelobte Land«, nach Kalifornien, geführt hatten, wo sein Vater sich als Landarbeiter auf den Pfirsichplantagen verdingte. Der begabte Ivan ging auf die Highschool und studierte nebenbei Biochemie. Er fiel seinen Lehrern auf und bekam sogar eine Einladung nach Harvard. Aber seine Eltern hatten nicht einmal genug Geld, um das Flugticket zu bezahlen. Das Studium an der Elite-Uni blieb ein Traum. Doch Ivan gab nicht auf und besuchte in Kalifornien Vorlesungen über seine geliebte Biochemie.

Dann, er ist 20, wird er mit seinem Fahrrad auf dem Weg zum Campus von einem Auto angefahren und gegen den Bordstein geschleudert. Bewusstlos bleibt er liegen. Schädelbruch. Der Heilungsprozess verzögert sich, die Eltern ziehen nach Arkansas, Ivan verlässt die Uni und beginnt nach seiner Genesung als Zimmermann zu arbeiten. Seine ganze Hoffnung setzt er nun auf seine Tochter, die später einmal studieren, »sein« Leben für die Wissenschaft führen soll. Um das finanzieren zu können, braucht Ivan Geld. Also arbeitet er hart und steigt später ins Immobiliengeschäft ein. Mit Erfolg. Nach wenigen Jahren erhält er Aufträge zur Neu- oder Umgestaltung ganzer Stadtteile, schließlich plant und realisiert er sogar Forschungszentren für die biochemische Industrie. Damit macht er ein Vermögen. Und mit diesem Geld verwirklicht er seinen Lebenstraum: »Ich bin zu meiner ersten Liebe, der Wissenschaft, zurückgekehrt. Ich kann sie zwar nicht selbst betreiben, bin aber heute wenigstens in der Lage, sie durch finanzielle Unterstützung möglich zu machen.« Sein Interesse für die Wissenschaft führte ihn zu seiner Passion für die Naturmedizin der Heiler und Schamanen. Das ist für den pragmatischen Amerikaner kein Widerspruch, im Gegenteil. »Nur in ihrer Vielfalt lässt sich unsere Welt begreifen«, sagt er in überzeugender Schlichtheit.

DER HEISSESTE FLECK DER ERDE

Die Biologen kennen spezielle Landkarten, auf denen weder Städte noch Straßen eingezeichnet sind, dafür mit unterschiedlichen Farben die biologische Artenvielfalt der jeweiligen Regionen angezeigt wird. Helle, kühle Farben signalisieren, dass es dort nur wenige verschiedene Tiere und Pflanzen gibt. Werden die Farbtöne dunkler und wärmer, bedeutet es, dass in diesen Weltregionen eine größere Vielfalt anzutreffen ist. Die Region um Loja, dort, wo Ivan Gaylor und Rainer Bussmann »ihren« Wald gekauft haben, weist in solchen Karten ein dunkles Rot auf. Sie gilt unter Biologen als einer der »Hot spots« der Erde, einer der heißesten Flecken auf unserem Planeten, was die Anzahl an verschiedenen Tier- und Pflanzenarten angeht. Im Podocarpus-Nationalpark zählt man mehr Vogelarten als in ganz Europa! Und wenn er auf die Pflanzenwelt schaut, wird dem

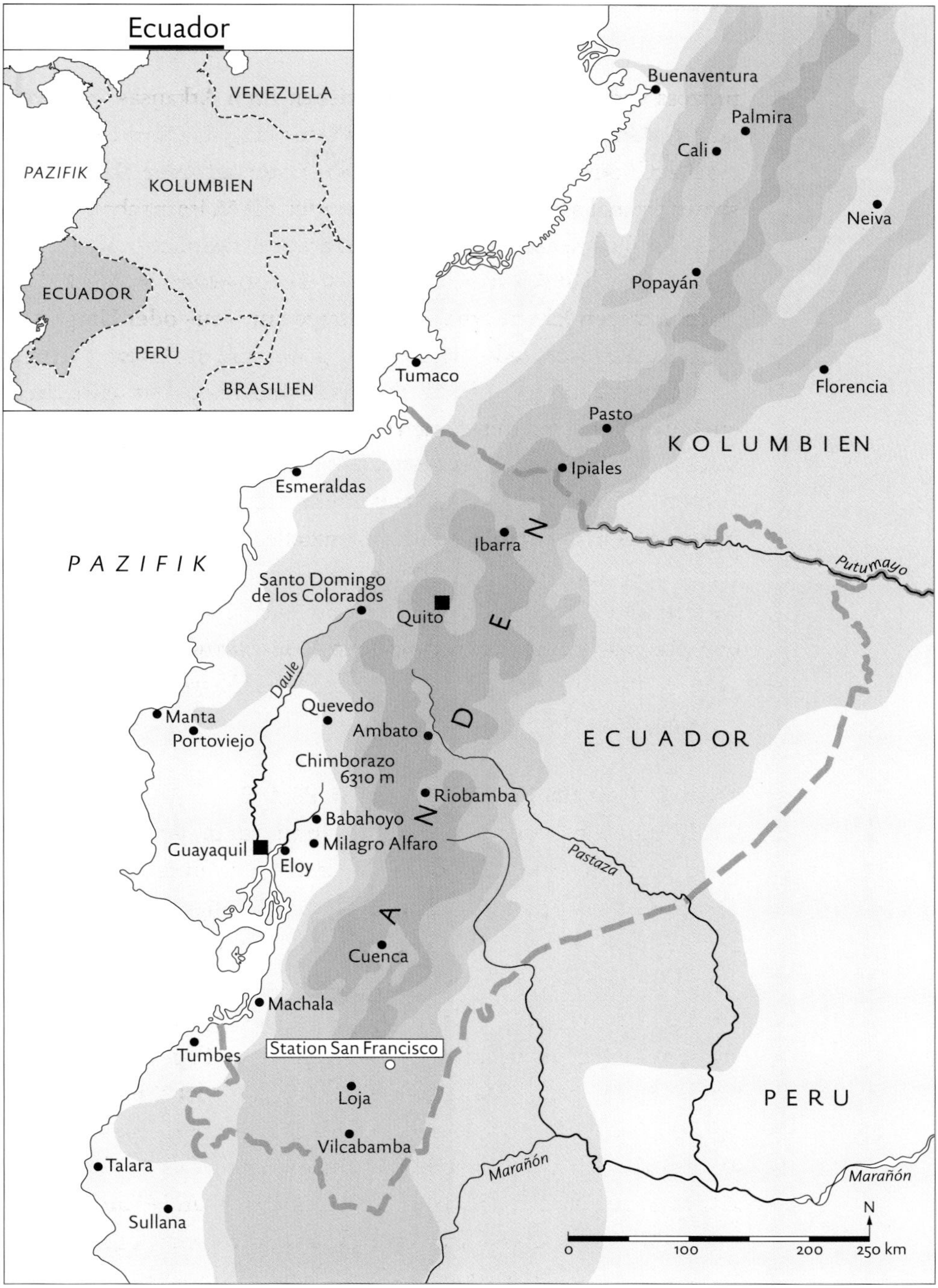
Ecuador
VENEZUELA
PAZIFIK
KOLUMBIEN
ECUADOR
PERU
BRASILIEN
Buenaventura
Palmira
Cali
Neiva
Popayán
Tumaco
Florencia
Pasto
KOLUMBIEN
Ipiales
Esmeraldas
Ibarra
PAZIFIK
Santo Domingo de los Colorados
Quito
Putumayo
Daule
Manta
Portoviejo
Quevedo
Ambato
ECUADOR
Chimborazo 6310 m
Riobamba
Babahoyo
Guayaquil
Milagro Alfaro
Eloy
Pastaza
ANDEN
Cuenca
Machala
Tumbes
Station San Francisco
Loja
PERU
Vilcabamba
Talara
Marañón
Marañón
Sullana
N
0
100
200
250 km

Botaniker Rainer Bussmann schnell klar, warum ein Kollege vor beinahe 200 Jahren das Gebiet um Loja als »Garten von Ecuador« bezeichnet hat. Es war kein Geringerer als Alexander von Humboldt, der auf seiner amerikanischen Reise 1802 auch die Berge und Täler rund um Loja erkundet hat. Aus seinen Aufzeichnungen geht hervor, wie beschwerlich das damals war: »Wir machten zwei Tage lang den ganzen Weg zu Fuß, mit Pflanzen beladen und bis zu den Knien im Morast watend. Wir kamen am frühen Morgen des 23. Juli in Loja an.«

3 und 4 Die grüne Apotheke. In den Wäldern der Tropen sind der Wissenschaft noch viele Pflanzenwirkstoffe unbekannt – vielleicht Medikamente für die Plagen des 21. Jahrhunderts? Grund genug, dieses Welterbe zu schützen.

Dabei dürften Humboldt auch die Cascarilla-Bäume (wissenschaftlich Chinchona) aufgefallen sein, aus deren getrockneter Rinde die Eingeborenen seit jeher ein Mittel gegen das so genannte Wechselfieber herstellten. Um 1640 wurden die spanischen Con-

5 Kein Wundermittel aus der Urwaldapotheke, sondern einfach nur schön. Mit diesen Blüten schmücken die Indios an Ostern die Kirchen und Kapellen in den Anden.

quistadoren darauf aufmerksam, der weiße Mann hatte das Alkaloid Chinin entdeckt. Ein entscheidender Schritt für die europäische Medizin und die Weltgeschichte. Zum ersten Mal konnte die Malaria bekämpft werden, und damit wurden Entdeckungsreisen in die bis dahin todbringenden Regionen der Erde möglich. Ein frühes Beispiel für die außerordentliche Leistungsfähigkeit der Naturheilmethoden, die die angeblich so primitiven Wilden beherrschten.

Bereits Alexander von Humboldt war vom biologischen Reichtum dieses Fleckens Erde fasziniert. Aber warum wächst und gedeiht gerade hier so viel mehr als anderswo? Eine Antwort ergibt sich aus der geografischen Lage im Grenzbereich zwischen den feuchten Nordanden und den Zentralanden. Hier ist die gewaltige Gebirgskette, die den gesamten südamerikanischen Kontinent von Nord nach Süd durchzieht, niedriger als anderswo. Das heißt, dass die Barriere, die Berge für Tiere und Pflanzen bilden, nicht ganz so hoch ist. Im Gebiet um Loja sind daher Fauna und Flora aus dem Amazonas-Becken genauso anzutreffen wie aus dem Küstenraum des Pazifiks. Dieser Austausch führt auch zur Evolution ganz neuer Arten, die es nur hier gibt. Man geht davon aus, dass fünf Prozent aller Spezies endemisch sind, also nur hier vorkommen. Doch die geomorphologische Lage ist nur ein Grund für den Artenreichtum dieses »Hotest spot on earth«, wie Ivan Gaylor gerne sagt. Viele andere sind noch unbekannt. Auch deshalb ist es ein einmaliger Platz für Forscher.

»JUST DO IT«

»Wie bringe ich nun möglichst viele und möglichst gute Wissenschaftler in meinen Bergregenwald?« Vor dieser Frage steht der amerikanische Mäzen, nachdem er das steile Stück Land erworben hat. Sein Freund Rainer Bussmann hat die zündende Idee. Durch seine Arbeit am Lehrstuhl seines Doktorvaters Erwin Beck, Professor für Pflanzenphysiologie an der Universität Bayreuth, ist er mit dem wissenschaftlichen Fördersystem in der Bundesrepublik bestens vertraut. Er weiß, dass wissenschaftliche Forschung ohne die finanzielle Unterstützung der Deutschen Forschungsgemeinschaft (DFG) nur schwer realisierbar ist, und er weiß auch, dass die DFG turnusmäßig neue Projekte begutachtet. Von besonderem Interesse ist für Bussmann ein von Beck mit initiiertes Großprojekt, das fakultätsübergreifend eine Ökosystem-Analyse im tropischen Bergwald erstellen soll. Erstmals sollen Wissenschaftler aus unterschiedlichen Disziplinen gemeinsam untersuchen, wie Pflanzen und Tiere, Boden und Luft, Klima und Mensch zusammenwirken, um zu verstehen, wie unsere Welt funktioniert. Ein Gebiet in Costa Rica ist bereits für dieses Projekt vorgesehen. Die naturräumlichen Gegebenheiten sind dort ebenfalls sehr viel versprechend, zudem besteht schon eine Infrastruktur für die Forscher. Für Rainer Bussmann ist klar: »Wir brauchen eine Forschungsstation, wenn wir das DFG-Projekt nach San Francisco holen wollen.«

Es ist August. Schon im Dezember wollen sich die Verantwortlichen von der DFG mit den Wissenschaftlern treffen, um das Projekt festzuklopfen. Zu wenig Zeit, um im unwegsamen Bergland eine ganze Forschungsstation zu bauen. Doch jetzt schlägt die Stunde des Amerikaners. Noch am selben Tag engagiert Ivan Gaylor in Loja einen Architekten. Nun ist er auf seinem Terrain: Bauen. In wenigen Tagen wird ein Plan für eine Forschungsstation am Fuße seines Bergwaldes entworfen. Auf 1200 Quadratmetern sollen 30 Forscher leben und arbeiten können. Unterkünfte, Arbeitsräume, Labors und eine große Küche weist der Plan aus. Doch Papier ist geduldig, die Gremien in Deutschland wollen im Dezember Konkretes sehen; es geht immerhin um ein sehr bedeutendes Projekt und um viel Geld. Seinen Traum vor Augen, beginnt Ivan sofort mit dem Bau – getreu der Devise: »Just do it«. Amerikanisches Geld, deutsches Know-how und ecuadorianisches Improvisationsgeschick lassen bis Dezember ein veritables Gebäude entstehen, und von einer Seite in günstigem Licht fotografiert, sieht es auch schon aus wie eine richtige Forschungsstation. Bussmann fliegt nach Bonn und präsentiert dort

6 *Eldorado der Wissenschaftler: Die Forschungsstation San Francisco in Südecuador.*

Foto und Konzept. Bald darauf kann er die frohe Botschaft verkünden: Das fachübergreifende DFG-Projekt zur Erforschung eines Ökosystems wird im Bergregenwald von San Francisco durchgeführt.

Als Trägerin der Station fungiert eine internationale Stiftung, die mit Gaylors Geld ins Leben gerufen wurde, die Fundación Científica San Francisco. Die gemeinnützige Organisation hat sich das große Ziel gesteckt, den Erhalt der biologischen und kulturellen Vielfalt weltweit zu fördern. Schwerpunkte der Arbeit sind dabei die wissenschaftliche Forschung auf der Station in Ecuador, die Entwicklung eines Umwelterziehungsprogramms sowie die Unterstützung von Projekten zur nachhaltigen Entwicklung des ländlichen Raumes. Natürlich soll auch die Heilkraft der hier wachsenden Pflanzen untersucht und das Wissen der Heiler, der Curanderos, überprüft werden, das war ja schließlich der Ausgangspunkt der ganzen Geschichte. Ivan Gaylor ist Präsident der Stiftung, seine wichtigsten Mitarbeiter sind Rainer Bussmann und Renzo Paladines, die als Vizepräsidenten die tägliche Arbeit koordinieren. Die wissenschaftlichen Erkenntnisse der geballten Forscherkraft sollen zum konkreten Nutzen der Menschen eingesetzt werden und zum Erhalt des einmaligen Naturraums beitragen. Forschung als reinen Selbstzweck soll es nicht geben. Darüber hinaus hat sich die Fundación die Zusammenarbeit mit einheimischen Wissenschaftlern auf ihre Fahne geschrieben. Mit den Universitäten von

Quito und Loja wird ein regelmäßiger Austausch vereinbart, Stipendien für ecuadorianische Studenten werden ausgeschrieben. Know-how-Transfer von Professor zu Professor, von Student zu Student, von Reich zu Arm.

HUMBOLDTS ERBEN IN AKTION

Seit Tagen regnet es. Tief hängen Wolken und Nebel in den Bergtälern rund um San Francisco. Aus dem Graugrün des Waldes tauchen schemenhaft Gestalten in roten Anoraks auf. Ein letzter Anstieg, und sie haben es geschafft, sie sind auf der Station. Seit zwei Monaten herrscht hier Hochbetrieb, eine Gruppe nach der anderen hat mit der Arbeit begonnen. Maria, die Köchin, hat alle Hände voll zu tun, um die vom Berg zurückkehrenden Forscher satt zu kriegen. Durchgeschwitzt, dreckverschmiert, erschöpft, aber mit einem Rucksack voller Pflanzenproben ist Doris Wolf nach acht Stunden Bergregenwald wieder in die Station zurückgekehrt. Duschen, dann erst einmal eine gute Suppe von Maria und ein großes Glas selbst gemachter Fruchtsaft aus Mango, Papaya und Orange. Das gibt Kraft für den zweiten Teil des Arbeitstages im Labor. Mit dem

7 und 8 Ob im Labor oder »im Feld«, der Arbeitstag eines Forschers im Bergregenwald endet nur selten nach acht Stunden.

9 *Bryologen erforschen Moose und Flechten, eine der ältesten pflanzlichen Lebensformen auf unserem Planeten.*

Mikroskop untersucht sie verschiedene Blüten. Das Abenteuer, monatelang im Urwald zu arbeiten, hat sie gereizt.

Beim Blick aus dem Fenster sieht sie, wie Wolfgang Wilcke und Rainer Goller aus dem Dickicht des Waldes auftauchen. Die beiden sind Bodenkundler und haben Wasserproben in Sektor 3 gezogen. Die Rucksäcke hängen schwer an ihren Rücken, sie sind voller Plastikflaschen. Aus dem Nebenzimmer klingen seltsame, schrille, hohe Laute herüber. Die verlangsamten Tonaufzeichnungen von Fledermausstimmen. Felix Matt hat sie gestern Nacht mit einem Spezialmikrofon aufgenommen. »Den Felix sieht man selten«, sagt Doris, »meistens ist er nachts hinter seinen Fledermäusen her, und am Tag analysiert er am Laptop ihre Stimmen.« Umso präsenter ist die Gruppe ecuadorianischer Studenten aus Quito, die im Herbarium unzählige Blätter und Wurzeln der verschiedensten Pflanzen zum Trocknen zwischen Zeitungspapier legen. Im statistischen Durchschnitt wird in Ecuador jeden zweiten Tag eine neue, bisher unbekannte Pflanzenart entdeckt. »Nur nicht den Überblick verlieren«, ist hier die oberste Devise.

Das gilt auch für die Kletterausrüstung von Rainer Bussmann. Beim letzten Einsatz ist sie durch den heftigen Regen total durchnässt worden. Auf der Terrasse seines Zimmers hängt er die Gurte zum Trocknen auf. Die Nässe ist sein größter Feind beim Baumklettern, dann wird es nämlich rutschig und verdammt gefährlich. In bis zu 30 Metern Höhe spürt er unbekannten Epiphytenarten nach.

Ein Epiphyt ist eine Pflanze, die auf einer anderen Pflanze wächst, sich aber selbst ernährt. Für Rainer sind das »schlaue« Pflanzen, denn sie sparen ihre Energie und nutzen die Wachsleistung stärkerer Pflanzen, wie zum Beispiel Bäumen, um zum lebensspendenden Licht zu gelangen.

»In den Regenwäldern spielen Epiphyten eine ganz beachtliche Rolle«, sagt der Bryologe Professor Herschel. Moose und Flechten sind sein Spezialgebiet, und diese sind in Ecuador so gut wie unerforscht. Zusammen mit drei einheimischen Studenten sitzt er seit Stunden über das Mikroskop gebeugt. Mit seinen Spanischkenntnissen hapert es noch etwas, deswegen ist er auf Anschauungsmaterial angewiesen. Davon gibt es reichlich. Die Inventarisierung, das Bestimmen der Moos- und Flechtenarten des Waldes, wird Monate, wenn nicht Jahre dauern. »Bis dahin ist mein Spanisch bestimmt perfekt«, scherzt der Professor, um dann ernster fortzufahren, »wenn meine Bewerbung für das Projekt angenommen wird.«

Schon drei Jahre nach Fertigstellung der Station und dem Beginn der Forschungen gibt es mehr Bewerbungen als freie Plätze für die Forschergruppe San Francisco. Langsam wird es eng auf der Station. Erwin Beck hat sich mit drei Studenten in eine Ecke des Speisesaals zurückgezogen, um mit ihnen die Aufgabenstellung ihrer Doktorarbeit ein weiteres Mal durchzugehen. Noch ist es hier ruhig, aber in einer Stunde, so gegen halb sieben, werden die Forscher Maria und ihre Kochkunst hochleben lassen. Das gemeinsame Abendessen ist der gesellschaftliche Höhepunkt des Tages auf der Estación Científica San Francisco (ECSF). »Das wird nur noch getoppt, wenn Ivan auf der Station ist«, sagt Steffen Matezki, der Lianenforscher, »dann wird schon mal der ein oder andere Pisco Sour gemixt.«

WOZU DER AUFWAND?

Elf verschiedene Arbeitsgruppen erforschen zur Zeit den Bergwald von San Francisco. Seit 1997 ist die Station nie unbesetzt gewesen.

Unter Federführung mehrerer Professoren der Universität Bayreuth beteiligen sich an dem weltweit wohl einzigartigen Projekt auch Forscher der Universitäten Bielefeld, Erlangen, Hohenheim und Ulm, zusammen mit Studenten der ecuadorianischen Universitäten in Loja und Cuenca. Die Frage, welche Tiere und Pflanzen auf welche Weise in einem komplexen Ökosystem zusammenleben, treibt sie immer wieder in die steilen Hänge des Waldes. Um darauf irgendwann eine plausible Antwort geben zu können, müssen die Wissenschaftler erst einmal eine Bestandsaufnahme machen. »Inventur« nennt das der Fachmann: Pflanzen- und Tierarten müssen bestimmt und gezählt, Klimadaten erhoben, Böden charakterisiert, Geografie muss beschrieben und kartografiert werden. Eine Herkulesarbeit angesichts der immensen Artenvielfalt und des außerordentlich schwierigen Geländes. Der Biogeograf Professor Klaus Müller-Hohenstein gibt unumwunden zu: »Am Anfang staunten wir nur wegen der Artenfülle des Waldes.« Schon allein das Vorwärtskommen bereitet große Mühe, die steilen Hänge sind von der dauernden Nässe meist extrem rutschig, viele Stellen sind nur mit Seilen und Kletterausrüstung zu erreichen, zudem bildet der Urwald oft eine undurchdringliche grüne Mauer. Die Machete ist in San Francisco manchmal der beste Freund des Forschers.

Humboldts Ansatz eines gesamtheitlichen Verstehens unserer Welt wird durch die vielfältig zusammengesetzte Forschergruppe wieder belebt. Zeit seines Lebens hatte sich der Übervater der Naturwissenschaften gegen das Fachidiotentum gewehrt; auf den Kosmos – so auch der Titel seines wohl bekanntesten Werkes (*Kosmos. Entwurf einer physischen Weltbeschreibung*) – war Alexander von Humboldts Blick gerichtet. Derzeit amtierender Sprecher der Forschergruppe von San Francisco ist Konrad Fiedler. Nach seiner Ansicht sind Humboldts Reisebeschreibungen vor allem eine für Geografen und Botaniker auch heute noch ergiebige Quelle. Für den Tierökologen Fiedler allerdings ist Humboldt, der sich kaum mit der Tierwelt auseinandergesetzt hat – dafür fehlte ihm auf seinen beschwerlichen Reisen einfach die Zeit –, eher eine Art symbolische Leitfigur bei dem einmaligen Versuch, das Ökosystem tropischer Bergregenwald in seiner Gesamtheit zu erfassen. Eine große Aufgabe, der sich die Forscher stellen.

»Wir haben noch gar keine Vorstellung, wie viele zigtausend Arten hier überhaupt vorkommen. Ein großer Prozentsatz davon ist bisher noch nicht beschrieben, er wartet also darauf, von uns entdeckt zu werden«, sagt der Bayreuther Professor nicht ohne Stolz. Dabei ist ihm sehr wohl bewusst, dass diese Tatsache Anreiz und Erschwernis zugleich ist. Erst muss die Entdeckerarbeit geleistet werden, bevor man sich mit Funktion und Zusammenhängen, dem eigentlichen Forschungsziel, beschäftigen kann. »Heute wollen und müssen wir weiter gehen als Humboldt, der sich bei seinen Feldarbeiten zunächst oft auf Exploration beschränken musste«, erklärt Fiedler. »Wir wollen Zusammenhänge begreifen und nachvollziehbar machen, zudem soll experimentelles Arbeiten unsere Hypothesen überprüfen«, so das ehrgeizige Ziel von Humboldts Erben.

»Wozu der ganze Aufwand?«, wird da zu Recht so mancher Steuerzahler fragen, der schließlich den ganzen Spaß bezahlen muss. Erwin Beck, einer der Väter des Projekts, gibt eine Erkärung: »Bisher hatten wir zahlreiche Einzelprojekte, allerhöchstens Verbünde von einigen wenigen Wissenschaftlern, die an den verschiedensten Orten der Welt einzelne Aspekte tropischer Ökosysteme erforschten. Ein Verständnis für ein Ökosystem lässt sich so aber nicht gewinnen. Eine Bündelung der wissenschaftlichen Energien war schließlich unumgänglich, wenn wir Ökosystemforschung auch in den Tropen betreiben wollten.« Beck und seine Mitstreiter fühlen sich aber auch der Konvention von Rio verpflichtet, die von den Industrienationen mehr Engagement in den Ländern der Dritten Welt fordert. Ansätze zu konkreter Hilfe sollen die Forschungsergebnisse liefern. Deswegen wird das Forscherteam erweitert. Vertreter der angewandten Wissenschaften wie Forstwissenschaftler werden dazustoßen, um schonende Nutzungsmöglichkeiten und Rehabilitation des Waldes zu untersuchen. Gemeinsam sollen sie langfristige Alternativen zum Schutz der großen Artenvielfalt in Südecuador entwickeln. »Dafür lohnt sich in der Tat der Aufwand«, meint Erwin Beck.

DEM GEHEIMNIS AUF DER SPUR

Als Ethnobotaniker interessiert Rainer Bussmann, wie die Menschen Pflanzen nutzen. Und da im Wald von San Francisco keine Einheimischen leben, muss er die Station verlassen, um pflanzenkundige Ecuadorianer befragen zu können. Deshalb zieht es ihn nach Vilcabamba, dem berühmten »Tal der Hundertjährigen«, zurück. Nicht nur wegen der überdurchschnittlich vielen sehr alten Menschen, die dort leben sollen, sondern um einen Heiler, den Curandero Don Cruz Roa, zu besuchen, mit dem er seit vier Jahren befreundet ist. Dieser Heiler hatte ihm damals erklärt, dass Vilcabamba so viel bedeutet wie »Tal des Vilca-Baumes« und dass dieser Baum von den Inka als heilige Pflanze verehrt wurde, aus der sie auch Medizin gewonnen haben. Ein gutes Omen für Rainers Mission? Wird er dem Geheimnis der Hundertjährigen auf die Spur kommen?

Der Heiler wohnt etwas versteckt außerhalb des Dorfes auf einem kleinen Berg. Als Rainer Bussmann den Hof betritt, ist Don Cruz gerade dabei, sich eine Zigarette zu drehen. Seine Frau trocknet Kaffeebohnen, selbst angebaut für den Eigenbedarf. Nach der herzlichen Begrüßung bietet der achtzigjährige Curandero dem jungen Wissenschaftler als Erstes auch etwas zu rauchen an, und schon sind die beiden mitten im Gespräch. In der Nähe seines Hauses stand früher ein Sonnentempel der Inka, die spanischen Conquistadoren hätten ihn zerstört, erklärt Don Cruz, und als Rainer fragt, ob das Rauchen nicht schädlich sei, lächelt er kurz und holt zu einem längeren Vortrag aus. »Ich rauche, seit ich klein war, das ist kein Problem, mein Onkel ist über 100, und der raucht jeden Tag. Es kommt darauf an, dass man ungespritzten, natürlichen Tabak verwendet und nicht den amerikanischen Mist«, belehrt der Curandero seinen Besucher. Natürlich weiß der Ethnobotaniker, dass viele Heiler Tabak als therapeutisches Mittel verwenden, um ihre Patienten ruhiger werden zu lassen. Don Cruz bestätigt das: »Rauchen gibt Ruhe und nimmt die Hektik aus dem Alltag heraus. Hektik ist das schlimmste Übel, das wir haben.« Auch dem Zuckerrohrschnaps spricht der Alte heilende Wirkung zu, wenn er nicht ständig konsumiert wird.

»Mit diesen Thesen könntest du in Deutschland viele Patienten bekommen«, meint Rainer scherzend, doch dann lenkt er das Gespräch auf sein Anliegen. Er möchte eine Heilzeremonie miterleben. Auf diese Weise könnte er vielleicht herausfinden, welche Pflanzen der Curandero verwendet.

Don Cruz stimmt sofort zu und schlägt vor, am besten den Ethnobotaniker gleich selbst zu untersuchen: »Wo zwickt es denn?«

Schon sitzt der experimentierfreudige Allgäuer im »Behandlungszimmer«, das ihm eigentümlich vertraut vorkommt: Heiligenbilder, ein Rosenkranz, ein einfacher Tisch und eine ärztliche Zulassungsurkunde schmücken den kargen Raum. Rainer Bussmann klagt über Schmerzen im Nacken, die ihn wirklich plagen, und wartet, was passiert. Er hat davon gehört, dass manche Heiler den Körper des Patienten mit lebenden Meerschweinchen abreiben, diese dann schlachten und anhand der Innereien die Diagnose stellen. Doch Don Cruz liebt es weniger blutig. Ein simples Hühnerei dient ihm als Spiegel des Innenlebens seiner Patienten. Der Forscher muss sich am ganzen Körper mit dem Ei abreiben, dann schlägt der Heiler es auf und begutachtet sorgsam Eigelb und das umgebende Eiweiß. Lange blickt er auf die kleinen Bläschen, die sich gebildet haben und an den Eiweißsträngen hochwandern. Bevor er Rainer sagt, was er gesehen hat, beginnt er mit der rituellen Reinigung des Kranken. Dazu besprüht er ihn mit verschiedenen Essenzen. Hände, Gesicht, Nacken, immer mit einem kurzen Gebet vorneweg. Dann gießt er eine streng riechende Flüssigkeit in eine Muschelschale und bedeutet seinem Patienten, diese durch die Nase zu inhalieren. Ohne zu zögern schnupft der Ethnobotaniker das Gebräu in sich hinein und schüttelt sich daraufhin kräftig – alles im Dienste der Wissenschaft.

VON GESUNDBETERN UND ANDEREN SCHARLATANEN

Don Cruz betet wieder, und das erinnert Bussmann an seine Allgäuer Heimat. Das so genannte »Gesundbeten« ist im Voralpenland bis auf den heutigen Tag eine gebräuchliche Heilmethode. Die Gesundbeter befreien von lästigen Warzen, Schlafstörungen oder auch von Unglück im Kuhstall. Wenn in einem Allgäuer Bauernhof öfter als gewöhnlich ein Kalb erkrankt und eingeht, ist das Vertrauen in den Tierarzt nämlich bald erschöpft, dann muss ein Gesundbeter her. Und hätten diese in den letzten Jahrhunderten keinen Erfolg gehabt, würde sich heute sicher niemand mehr an die von der Schulmedizin belächelten »Scharlatane« erinnern. Von Generation zu Generation geben sie ihr Wissen weiter und sind für viele Menschen glaubwürdig geblieben. Rainer Bussmann vermutet, dass der ecuadorianische

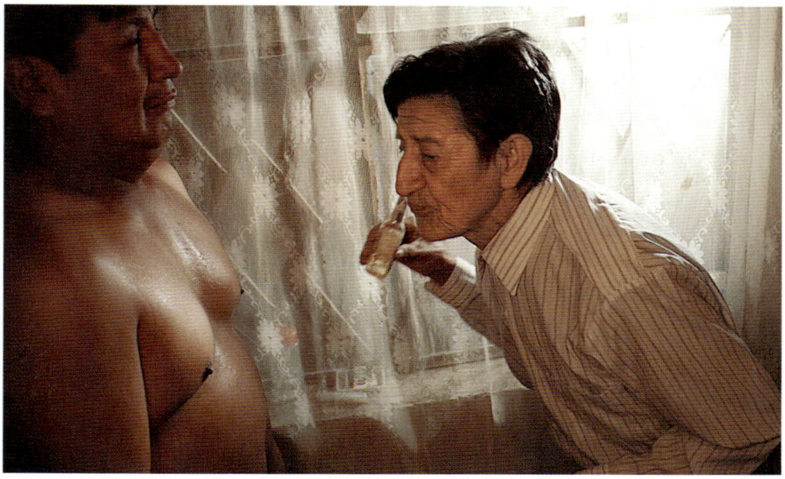

10 Der Heiler Don Cruz Roa in Aktion. Spucken gehört bei ihm zur Behandlung.

Curandero im Prinzip das Gleiche macht wie der Allgäuer Kräuterheiler. Nur welche Substanzen er dabei verwendet, wie sie wirken und wie sie dosiert werden, das muss er noch herausfinden.

Nach gut einer Stunde ist die Behandlung zu Ende. Erst jetzt spricht der Heiler wieder locker mit dem Forscher. Dabei erfährt Rainer auch die Roh-Ei-Diagnose: Die Nackenschmerzen rührten von einem zu hohen Blutdruck her, der wiederum durch böse Gedanken ausgelöst werde. Als Hort des Übels hat der Curandero neidische Kollegen ausgemacht. Bussmann bestätigt dies und lenkt das Gespräch dann wieder auf die verwendete Medizin. Don Cruz berichtet ganz offen über seine Heilmittel, nur bei den Mengenangaben ist er zurückhaltend: Berufsgeheimnis. Trotz der Offenheit von Don Cruz ist der Ethnobotaniker noch nicht viel weiter, denn die Namen der Pflanzen, die der Curandero ihm nennt, hat er noch in keinem botanischen Lehrbuch gelesen. Regionale Ausdrücke für bekannte Kräuter oder geheimnisvolle Wundermittel der Anden?

Es klopft an der Tür. Eine Frau aus dem Nachbardorf will Hilfe von Don Cruz, sie könne seit Tagen keinen Schlaf mehr finden. Freundlich, aber bestimmt verabschiedet sich der Heiler vom Forscher, nicht ohne ihm noch bei einem Gläschen Schnaps viel Glück für seine Arbeit zu wünschen. Rainer Bussmann nimmt sich vor wiederzukommen, als er bei einem feuerroten Sonnenuntergang die kurvenreiche Straße zur Station zurückfährt. Er hat gespürt, dass Don Cruz ihm noch mehr erzählen wird.

In der Station berichtet er Ivan Gaylor von seinem Besuch im »Tal der Hundertjährigen«. Der Amerikaner ist fasziniert. Er glaubt an einen Zusammenhang zwischen den rekordverdächtigen Alten und ihren Medizinmännern. »Das Geheimnis muss in den Pflanzen stecken«, sagt Ivan und ermutigt Rainer, in der nächsten Woche nochmals Don Cruz aufzusuchen.

Doch erst wartet die Stationsarbeit. Mit seinem Kollegen Florian Werner will Rainer, wenn es das Wetter zulässt, wieder im Baum klettern. Das hört sich wie ein Kinderspiel an, ist jedoch alles andere als ungefährlich. Bis zu 30 Meter hoch müssen sie sich mit Seil, Gurt und Steighilfen in die Baumkronen wagen, um an die dort wachsenden Pflanzen zu gelangen. Der Morgen ist sonnig, das trocknet die Rinde der Bäume etwas ab, ideale Bedingungen für die »Arbinisten«. Rainer steht unten und sichert Florian, der sich schnell in den Kronenbereich des Urwaldriesen hochgearbeitet hat. Für den Wissenschaftler ist es dort oben wichtig, den Überblick zu behalten. Das klingt paradox, doch Rainer erklärt: »Was von unten wie ein Baum aussieht, sind in Wirklichkeit mehrere, die auf dem ersten Baum wachsen. Die Krone wird von drei verschiedenen Bäumen gebildet.«

Florian sammelt alle Arten von Epiphyten ab, die er dort oben findet, notiert sich ihre Verteilung auf dem Baum, um diese später mit der Verteilung der Arten in einem »gestörten« Wald zu vergleichen. »Gestört« heißt in diesem Zusammenhang: Motorsäge, Axt und Feuer sind dem Wald zu nahe gekommen. Das Verstehen des Ökosystems – eine komplizierte Angelegenheit. Als Florian nach drei Stunden wieder absteigt, erklärt er uns das am einfachen Beispiel der Paranuss: Der Paranussbaum braucht eine ganz spezielle Biene als Bestäuber. Diese Biene wiederum benötigt als Futter eine ganz bestimmte epiphytische Orchidee, die auf einer anderen Baumart wächst. Wenn nun vom Menschen die natürliche Umgebung des Paranussbaumes abgeholzt, also auch der Trägerbaum der Orchidee zerstört wurde, gedeiht diese Orchidee nicht mehr, die Bienen suchen sich woanders ihre Nahrung, und der nunmehr allein stehende Paranussbaum wird nicht mehr bestäubt. Das ist das Ende der köstlichen Nuss.

HIGHTECH IM URWALDBODEN

Nach gut einer Stunde Marsch sind Rainer Goller und Wolfgang Wilcke in ihrem Forschungssektor des Waldes angekommen. Wie voll gefressene Würgeschlangen winden sich Wülste aus Polyurethanschaum um die Stämme der Urwaldriesen. Wortlos und ohne Zögern machen sich die beiden Wissenschaftler an die Arbeit. Regelmäßig nehmen sie Wasserproben, die von den Kunststoffspiralen an der Außenhaut der Bäume aufgefangen werden. Mit Hilfe dieser Ablaufmanschetten können sie messen, wie viel Wasser von den Baumkronen eingefangen wird und über die Äste den Stamm entlang zu Boden fließt. 70 Liter pro Baum und Jahr haben die Bayreuther Bodenkundler schon gemessen, viermal so viel wie auf einer entsprechenden Freilandfläche. Die Baumkronen wirken also wie gigantische Reservoirs zum Sammeln des Wassers. Viel wichtiger ist den beiden jedoch die Beschaffenheit des Baumrindenwassers. Welche Einträge, welche Inhaltsstoffe lassen sich in ihm nachweisen, und wie lassen sich diese wieder mit Proben von den Freilandflächen oder von Bereichen unter der Erdoberfläche vergleichen?

Wolfgang Wilcke klärt uns über den Sinn dieser Arbeit auf: »Unser Ziel ist die Erstellung einer Wasser- und Nährstoffbilanz für den Bergregenwald von San Francisco. Anhand dieser Bilanz kann man erkennen, ob das System im Gleichgewicht ist. Zudem lässt sich daran ablesen, ob es sich um einen geschlossenen Nährstoffkreislauf handelt. Und schließlich erwarten wir Antworten auf die spannende Frage, welche Auswirkungen Klimaphänomene wie El Niño auf den Nährstoffhaushalt des Waldes haben.«

Mit ihrer Arbeit versuchen die Bodenkundler, die unsichtbaren Vorgänge in Luft, Wasser und Boden nachvollziehbar zu machen. Wie ernähren sich die Pflanzen des Waldes? Welche Nährstoffe werden wie und wo angereichert oder ausgewaschen? Welche Böden sind die Grundlage für welche Pflanzen? Welche Rolle spielen Menge und Häufigkeit des Niederschlags? Um diese und noch viel mehr Fragen beantworten zu können, haben sich die Bodenspezialisten einiges einfallen lassen. Speziell von ihnen konstruierte Behälter fangen den »lateralen Fluss« auf, das Wasser, das einfach die extrem steilen Hänge herunterfließt. Mit so genannten Lysimetern wird das Wasser unter der organischen Auflage des Waldbodens gesammelt.

11 *Wie vollgefressene Würgeschlangen winden sich Polyurethanschaumgebilde um die Baumriesen. Mit dieser Eigenkonstruktion fangen die Bodenkunde-Experten das Wasser auf, das an der Rinde der Bäume zu Boden fließt.*

12 Hightech im Dschungel. Mit dem Laptop und hochsensiblen Messsonden werden dem Urwaldboden seine Geheimnisse entlockt.

Das ist besonders interessant, da sich seine Zusammensetzung während des Durchsickerns durch den Humus chemisch verändert. Routinemäßig justiert Rainer Goller Saugkerzen, im Boden eingebaute Sonden, die das Wasser mit Hilfe einer Unterdruckpumpe aus dem tiefer liegenden mineralischen Teil des Bodens pumpen. Mit seinem Laptop kann er via Data-Logger die Messdaten der TDR-Sonden abrufen. Hightech mitten im Urwald – endlose Zahlenreihen geben Aufschluss über die Bodenfeuchte. Redox-Elektroden messen den Sauerstoffgehalt des Erdreichs und Tensiometer die Energie, mit der Wasser im Boden zurückgehalten wird. Auf dem Rückweg werden die Rucksäcke der Bayreuther Forscher immer schwerer. Es sind viele Wasserproben, die ins Labor gebracht werden müssen. Natürlich wird auch der Freilandniederschlag untersucht, auf die Stoffe, die mit dem Regen in den Wald kommen. Drei Probestellen im Gebiet von San Francisco sorgen für den nötigen Vergleich.

Keuchend kehren die Forscher, jeder mit 20 Litern Wasser im Gepäck, zur Station zurück. Nach der obligatorischen Suppe von Maria geht die Arbeit im Urwaldlabor weiter. Hier können die Bayreuther jedoch lediglich einfache Untersuchungen durchführen: Bestimmung des pH-Wertes, der Chloridkonzentrationen, der Leitfähigkeit. Für die aufwendigeren Analysen werden die Wasserproben eingefroren und nach Deutschland geflogen. Die Bodenkundler können aber schon jetzt sagen, dass die tiefer liegenden Mineralböden extrem nährstoffarm sind und die meisten Nährstoffe im organischen Teil des Bodens gespeichert sind. In dieser manchmal sehr mächtigen Humusschicht befinden sich auch die allermeisten Wurzeln. Die Pflanzen schaffen sich also ihren Boden zum großen Teil selbst.

Rainer Goller hat für heute genug Wasser gesehen. Seit vier Monaten ist er ohne Unterbrechung auf der Station. Trotz der imposanten Landschaft, der anstrengenden, aber interessanten Arbeit und der vielen Kollegen aus anderen Fachbereichen ist gerade an Regentagen die Tristessegefahr groß. Die Gedanken schweifen in die fränkische Heimat, gleiten über Hügel, Seen und Wälder und kehren schließlich in einem gemütlichen Landgasthof ein. »Wir sind zwar nicht so isoliert wie auf einer Antarktisstation, aber die Situation ist schon vergleichbar. Für die Wissenschaft sind wir hier und nicht zu unserem Vergnügen«, sagt Rainer. Er trinkt sein Bier aus, dann geht er noch mal ins Labor. Spätschicht. Als er am Herbarium vorbeikommt, sieht er, dass auch manch anderer noch beschäftigt ist. Und drüben am Gegenhang meint er einen Lichtschein im Wald zu erkennen. Das kann eigentlich nur Konrad Fiedler sein.

DAS BLAUE ZELT

Konrad Fiedler hat vor drei Stunden die Station verlassen. Mittlerweile ist es stockdunkel, weder Mond noch Sterne vermögen die dichte Wolkendecke zu durchdringen und den Wald auch nur ein wenig zu erhellen. Der Professor ist froh: ideale Bedingungen für seine Arbeit. Kurz vor Einbruch der Dunkelheit hat er seinen Einsatzort erreicht und seine Gerätschaften aufgebaut. Über eine etwa zwei Meter lange Stange wird ein Zylinder aus Gazestoff gehängt. Drinnen befinden sich zwei Lampen, die ein fahlblaues Licht abstrahlen. Das leuchtende Zelt ist eine Lichtfalle, die Schmetterlinge anlocken soll. Nun sitzt er, ausgerüstet mit Fanggläsern, Notizbuch und Thermometer, regungslos davor und wartet auf den nächsten Besuch. Der Tierökologe Fiedler ist spezialisiert auf Nachtschmetterlinge, die vom UV-Licht seiner Lichtfalle angezogen werden sollen. Die nachtaktiven Insekten fliegen an das feine Gewebe des blauen Zeltes und verharren dort, sodass Fiedler sie studieren und – wenn zur genauen Bestimmung nötig – absammeln kann. Warum die Nachtfalter zum UV-Licht fliegen, was die physiologische Grundlage für diese Reaktion ist, ist bisher erst in Ansätzen bekannt. Klar ist nur, dass die Insekten UV-Licht zur Orientierung nutzen. Und wenn es so dunkel ist wie heute Nacht, dann ist die Lichtfalle ein bevorzugter Orientierungspunkt. Schon nach einer Stunde ist das Netz mit Tieren fast bedeckt.

Manchmal wird es Konrad Fiedler richtig schwindlig, wenn er sieht, was sich alles auf das feine Gewebe gesetzt hat. In nur knapp zwei Monaten haben er und seine Mitarbeiter mit standardisierten Drei-Stunden-Fängen an rund zwei Dutzend Probestellen im Bergwald über 700 verschiedene Schmetterlingsarten allein aus der Familie der Spanner gezählt! Vielleicht rund die Hälfte davon sind bisher unbekannte Arten. Sie haben keinen Namen und sind weder in einem Naturkundemuseum noch in irgendeinem Fachbuch zu finden. In einer vorsichtigen Hochrechnung veranschlagt Fiedler mehrere Hundert neu zu beschreibende Nachtfalterarten, die im Bergwald von San Francisco leben. Der Schmetterlingsforscher ist sich mit seinen Kollegen einig: »Wir gehen davon aus, dass wir nur zehn Prozent der auf der Erde lebenden Arten wirbelloser Tiere kennen. Das zeigt, wie gering unser Wissen um die Zusammenhänge in der belebten Welt nur sein kann.«

Nach genau drei Stunden dreht Fiedler sein UV-Licht ab, packt seine Ausrüstung zusammen und macht sich auf den Nachhauseweg. Der ist nicht ganz ungefährlich im Dunkeln, führt er doch an den glitschigen und extrem steilen Berghängen entlang. Wenn es dann auch noch zu regnen beginnt, wird das Risiko unkalkulierbar. Für solche Notfälle haben die Schmetterlingsforscher immer ein kleines Zelt dabei, um auf dem Berg zu übernachten und das Tageslicht abzuwarten. Heute bleibt der Regen aus, und Fiedler kommt trocken und heil gegen Mitternacht in das Lager zurück. Am nächsten Tag werden die gesammelten Schmetterlinge für die späteren Auswertungen vorbereitet, damit sie Fiedlers wissenschaftliche Mitarbeiter und Studenten am Museum in Quito oder in Deutschland präparieren können. Dann beginnt die eigentliche wissenschaftliche Arbeit: die mühevolle Artbestimmung und die darauf aufbauende detailgenaue Analyse der Nachtfalter-Artengemeinschaften, wie sie in den verschiedenen Zonen des Lebensraums Bergwald vorkommen. Anhand von Fachliteratur und Referenzsammlungen mit Abertausenden von Schmetterlingen, die sich in den großen Naturkundemuseen der Welt befinden, muss zunächst jedes einzelne Tier bestimmt werden. Ist diese sehr aufwendige Arbeit abgeschlossen, gehen die Tiere nach Quito zurück, »sodass die Ecuadorianer ihre Tierwelt wiederbekommen, nur eben wissenschaftlich sauber bestimmt«, wie Konrad Fiedler sagt. Nun folgt die weitere Analyse, bei der für jeden Probenstandort, jede Höhenstufe oder Vegetationseinheit im Bergwald ermittelt wird, wie sich ihre charakteristischen Nachtfalter-Artengemeinschaften zusammensetzen und unterscheiden, welche Klimafaktoren und Vegetationsverhältnisse diese Gemeinschaften bestimmen – und wie folglich hierdurch die »Diversität« der artenreichen Gemeinschaften gesteuert wird.

Der Bayreuther Tierökologe ist der amtierende Koordinator des Forschungsprojekts. Bei ihm laufen die Fäden zusammen, wenn es um den Kontakt der Wissenschaftler zur Deutschen Forschungsgemeinschaft geht. Das bedeutet eine Menge Verwaltungsarbeit, trotzdem hat auch er sein konkretes Forschungsziel in San Francisco nie aus den Augen verloren. Die Beschäftigung mit Pflanzenfressern wie den Schmetterlingen sei für das Gesamtprojekt sehr wichtig, weil diese die Primärproduktion fressen, selbst aber auch wieder gefressen werden, also ein wichtiger Bestandteil des Naturkreislaufs sind. Da in allen Ökosystemen die Pflanzenfresser sehr artenreich sind, ist eine vollständige Bearbeitung dieser Tiergruppen in einem artenreichen Tropenwald illusorisch. Fiedler verwendet daher eine ausgesuchte Insektengruppe als Modellfall, und hierfür hat er die Schmetterlinge gewählt, weil sie die einzigen Insekten sind, zu denen auch in den Tropen heute schon wenigstens so grundlegende Kenntnisse bestehen, dass präzise Fragen und Hypothesen überhaupt formuliert und geprüft werden können.

Wenn Konrad Fiedler nachts einmal nicht vor seinem blauen Zelt sitzt, sieht man ihn dafür tagsüber mit einem großen Kescher durch den Wald und auf die kleinen Lichtungen ziehen. An bestimmten Stellen treten Salze aus dem Felsen, zum Teil vom Wasser ausgelöst. Das sind natürliche Köder für viele bunte Tagschmetterlinge. Vor allem die Männchen sind ganz wild auf die Natrium-Ionen des Salzes und suchen diese Plätze mit Vorliebe auf, um das Salz mit ihrem Rüssel abzusaugen. Fiedler weiß, dass gerade in den feuchten Tropen mit ihren salzarmen Böden solche Natriumanreicherungen ideale Plätze sind, um Schmetterlinge zu beobachten. Und natürlich weiß er auch, warum das Salz der Erde den Schmetterlingsmännchen so gut schmeckt: Bei der Paarung übergeben sie die Natrium-Ionen mit ihrem Samenpaket dem Weibchen als eine Art Brautgeschenk. Die Ionen sorgen dafür, dass die Weibchen mehr fruchtbare Eier legen können und länger leben. Salz spielt eine wichtige Rolle in der Überlebensstrategie vieler Schmetterlinge.

Was haben nun Schmetterlinge mit dem Funktionieren eines Ökosystems zu tun? Eine abschließende Antwort kann der Tierökologe Fiedler noch nicht geben, aber einige Fakten liegen auf der

Hand: Es gibt eine enge Bindung der Schmetterlinge an ihre Nahrung und Umgebung und damit sehr interessante Wechselwirkungen. Ändert sich die Vegetation, zum Beispiel durch menschliche Eingriffe, dann erwarten die Forscher Veränderungen in der Artenzusammensetzung und Häufigkeit der Pflanzenfresser, also auch der Schmetterlinge – und wie diese Änderungen aussehen, das wollen sie herausfinden. Für den Schmetterlingsforscher ist die Vielfalt an Formen und Farben persönliches Faszinosum und wissenschaftliche Herausforderung zugleich. Die enorme Artenvielfalt verlangt von seinen Mitarbeitern und ihm einen hohen Einsatz. Für Fiedler kein Problem: »Die Ästhetik der Schmetterlinge hält einen ein Leben lang gefangen.«

DAS WISSEN DER ALTEN

Bevor die Spanier die Anden im 16. Jahrhundert mit Feuer und Schwert in Besitz nahmen, gehörte die Region um Loja zum großen Reich der Inka. Um die gerade eroberten nördlichen Gebiete zu sichern, waren die Saraguro, treue Vasallen der Inka, von ihrem Stammland am Titicaca-See hierher in den Norden umgesiedelt worden. Sie sollten als Wehrbauern das Land insbesondere gegen die Shuar, gefürchtete Kopfjäger aus dem Amazonas-Becken, verteidigen. Und das taten sie so erfolgreich, dass sie die Shuar mittlerweile sogar aus ihren alten Siedlungsgebieten verdrängt haben. In den abgelegenen Gemeinden der Indígenas, der »Eingeborenen«, bestimmen deshalb am Karfreitag überall die schwarzen Trachten der Saraguro das Bild. Sie wurden gleich nach der Eroberung des Inka-Reichs durch die Spanier missioniert, und Ostern ist heutzutage ihr höchster Feiertag. Am Karfreitag finden Prozessionen mit dem gekreuzigten Jesus statt, wobei Rainer Bussmann aufgefallen ist, dass »man ihn zwar durch die Gegend trägt, er aber nicht die Hauptfigur ist. Viel wichtiger ist den Saraguro die Mutter Gottes, Maria. Sie ist die alte, heidnische ›Pacha Mama‹, die Erdmutter.« Die einheimischen Heiligen wurden so in den neuen Glauben integriert.

Und die schwarze Tracht tragen die Saraguro auch nicht, um den Gekreuzigten zu betrauern, sie symbolisiert vielmehr die Trauer um den Tod des letzten Inka. Seit diesem Tag vor nahezu 500 Jahren tragen sie hier Schwarz.

Mit dem unermüdlichen Interesse des Ethnologen verfolgt Rainer Bussmann die stundenlangen Zeremonien, und als er am Abend zum Aufbruch mahnt, wird er von seinem Gastgeber bedrängt, noch bis morgen zu bleiben. Dieser ist nämlich der diesjährige »Alumbrador«, der während der Osterwoche für alle Menschen im Dorf ein Mahl bereitet. Als Höhepunkt wird am Karsamstag ein Rind geschlachtet, und wieder sind alle im Dorf zum Essen eingeladen. Eine alte Tradition und die größte Ehre, die die Saraguro zu vergeben haben. Rainer muss bleiben!

Mit viel »Chicha« – Maisbier –, Schnaps und Blut beginnt der Samstag. Nüchtern zu bleiben ist am Schlachttag schier unmöglich. Doch an einer ausreichenden Unterlage mangelt es nicht. Bevor das Fleisch gebraten ist, gibt es Suppe, Tortillas und frisch geröstete Blutwurst. »Man muss sich auf die Menschen hier einlassen, sonst erfährt man gar nichts von ihnen«, sagt Rainer, als er am späten Samstagabend seinen alten Nissan-Geländewagen besteigt und sich auf den kurvigen Weg nach Vilcabamba macht. Er will noch einmal bei Don Cruz, dem Heiler, vorbeischauen. Vielleicht lässt sich die Osterstimmung nutzen, um mehr von seinen Geheimnissen zu erfahren, denn viele der Kräuternamen, die er ihm das letzte Mal genannt hatte, konnte Rainer Bussmann nicht einer bestimmten Pflanze zuordnen.

Der Ethnobotaniker hat Glück, er trifft den Heiler auf dem Dorfplatz, wo er gerade mit einigen Männern einen Schwatz hält. Sie sehen alle aus wie 60, doch nach den Angaben von Don Cruz ist der älteste 98. Rainer staunt, soll man das wirklich glauben? Als der »98er« seinen zweifelnden Blick sieht, zückt er seinen Personalausweis: »Geboren 1902 in Vilcabamba«, steht dort zu lesen. Der Forscher nickt beeindruckt, und bald kreist das Gespräch um Gott

13 Das Handwerkszeug eines Curanderos, eines Heilers. Jedes Objekt hat eine spezielle Bedeutung und Funktion. Auch die Anordnung folgt magischen Gesetzen.

und die Welt. Als sie sich verabschieden, erkundigt sich der Curandero nach Bussmanns Befinden.

»Schon besser«, erwidert er leise und fragt nochmals nach den Pflanzen. Don Cruz zögert nicht lange und lädt den Forscher ein, mit ihm seinen Kräutergarten zu besuchen. Aus erster Hand erhält Bussmann nun Aufklärung über die Medizinpflanzen des Curanderos, kann sie selbst bestimmen und nach ihrer spezifischen Verwendung fragen. Eifrig notiert er die Ausführungen des Alten, ein Wissen, das dieser sonst mit sich ins Grab nehmen würde. Als es dämmert, verabschiedet sich der Forscher von seinem »Lehrer«, und sie verabreden sich für eine zweite Sitzung, Rainers Behandlung sei noch nicht abgeschlossen, sagt der Medizinmann. Der »Patient« willigt natürlich sofort ein, er hat noch jede Menge Fragen.

Als wir abends auf der Station zusammensitzen, erklärt uns Rainer Bussmann: »Wir wollen hier nicht nur Wissen mitnehmen, sondern auch zurückbringen. Die Besuche bei den Heilern sind dabei die erste Stufe, das Wissen zu sichern. In vielen Dörfern sind die heilkundigen Menschen schon sehr alt. Sie sterben aus, weil die Jungen wegziehen und kein Interesse am Wissen der Alten haben. Und wenn es die alten Heiler nicht mehr gibt, sind die Leute auf die teure westliche Medizin angewiesen.« Dafür aber haben viele gar kein Geld. Deshalb setzt der Ethnobotaniker auf die traditionelle Medizin. Die ist billig, und durch den Anbau der Kräuter verdienen die einheimischen Bauern sogar noch ein paar Pesos. Wichtig ist, die Forschungsergebnisse Bussmanns in einfachen, mit Bildern gestalteten Broschüren zu publizieren, sodass die Menschen hier einen Leitfaden zur Nutzung von Medizinpflanzen in die Hand bekommen. Gesundheitserziehung von der Basis her lautet das Konzept, das sich mit den Schlagworten »Wissen zusammentragen, vernetzen, vermitteln und anwenden« zusammenfassen lässt.

Zur besseren Umsetzung dieses Konzepts gründeten Rainer und Ivan zusammen mit Freunden in Deutschland den Verein INKA, das Internationale Netzwerk für Kultur- und Artenvielfalt. Als Partnerorganisation der Fundación gibt INKA leicht verständliche Bildungsmaterialien für die lokale Bevölkerung in Ecuador heraus, die auf den hier erzielten wissenschaftlichen Ergebnissen beruhen. Darüber hinaus widmet sich INKA der Aufgabe, die Bedeutung des Andenraumes in der Öffentlichkeit, auch in Deutschland, darzustellen. Tropische Bergwälder sind als Lebensraum, Wassereinzugsgebiet, für den Schutz vor Bodenerosion und den Erhalt genetischer Ressourcen von Bedeutung. Kartoffeln, Bohnen, Tomaten und viele Früchte wie Avocados oder Papayas kommen ursprünglich aus den Anden. Auch manche Heilpflanzen und Kräutertees aus Südamerika sind in Deutschland beliebt.

Bussmann ist vom Erfolg der traditionellen Medizin überzeugt: »Die Kräuter sind tief in der Kultur hier verankert, und außerdem sind sie billig.« Doch auch vom wissenschaftlichen Standpunkt her ist die Erforschung des alten Wissens lohnenswert. »Es gibt viele Kräuter, von denen wir so gut wie gar nichts wissen, höchstens die Namen. Welche Inhaltsstoffe sie haben, wozu sie gut sind und wie sie in der Volksmedizin verwendet werden, ist uns bisher unbekannt«, sagt Bussmann. Und er fügt hinzu: »Es ist durchaus möglich, dass es viele Pflanzen gibt, die gegen ›neue‹ Krankheiten eingesetzt werden können. Ich höre immer wieder von Tees, die gegen Krebs helfen sollen.«

Weitere Forschungen in diese Richtung wären sicher hoch interessant, doch Bussmann ist sich bewusst, dass er sich damit auf einem äußerst sensiblen Gebiet bewegt. In Zeiten von Gen-Patenten und Milliardengewinnen in der Pharmaindustrie wachen die Länder der Dritten Welt zu Recht über ihre »natürlichen Schätze«. Sie wollen nicht nur reine Rohstofflieferanten sein, sondern vom Geldsegen einer möglichen neuen Wundermedizin profitieren. Deshalb hat die Zusammenarbeit mit ecuadorianischen Wissenschaftlern und einheimischen Heilern und Kräuterkundigen für die deutschen Forscher absolute Priorität.

HILFE ZUR SELBSTHILFE

In der Tageszeitung »La Hora« aus Loja liest der Schüler Jorge Butrageño einen Artikel über die Station San Francisco. Stolz zeigt er ihn seinem Vater, denn die Station hat er mit seiner Klasse vor ein paar Wochen besucht. Vater Butrageño ist Lastwagenfahrer, ihm ist auf der Fahrt nach Zamora immer das Hinweisschild »ECSF« aufgefallen, aber er wusste nicht, was sich dahinter verbirgt. Sein Sohn kann ihn nun aufklären, er erzählt von den ausländischen Forschern, den vielen unbekannten Tier- und Pflanzenarten und von ihrem Schulprojekt »Male den Bergwald«. Ein Hauptanliegen der Fundación ist die ökologische Aufklärung der Bevölkerung. Ihre Zielgruppe sind die Kinder. Umwelterzieher der ECSF gehen in die Schulen, veranstalten Führungen durch den Wald und auf der

Station, schreiben Wettbewerbe aus und publizieren regelmäßig in »La Hora«. Man setzt auf die Zusammenarbeit mit lokalen Organisationen und Vereinen, will alles unternehmen, um dem akademischen Elfenbeinturm zu entgehen. »Die Leute sollen etwas von unserer Arbeit haben«, erklärt Ivan Gaylor, »und jeder Dollar, den wir in die Ausbildung der Jugend stecken, wird sich in einigen Jahren hundertfach auszahlen.«

Rainer Bussmann und Antonio Crespo sind im Catomayo-Tal unterwegs. Die Schotterstraße windet sich an den steilen Berghängen entlang. Immer wieder passieren sie Engstellen, notdürftig beseitigte Erdrutsche, die in Ecuador genauso häufig erscheinen wie Staus auf deutschen Autobahnen. Auf über 4000 Metern Meereshöhe halten die beiden an einem unscheinbaren Gehöft an. Ein älterer Mann füttert gerade die Meerschweinchen – eine Delikatesse für die Campesinos, gebraten sollen sie so ähnlich wie Hühnchen schmecken. Die Frauen arbeiten im terrassenartig angelegten Garten. Antonio und Rainer wollen zu ihnen, denn ihr Garten gehört zu einem von der Fundación unterstützten Projekt. Medizinpflanzen bauen die Frauen an, streng nach ökologischen Grundsätzen. Das nötige Know-how haben sie von den Wissenschaftlern erhalten, und Rainer ist mit den ersten Ergebnissen sehr zufrieden. Die eingeführten Regenwurmkulturen für den Kompost haben sich bewährt, der Boden ist für die Kräuter ideal. Die Frauen sind auch zufrieden, denn in einer von der Fundación unterstützten Kooperative können sie ihre Produkte abgeben. Das bringt gutes Geld für die Schufterei an den steilen Hängen.

Auf der Weiterfahrt besuchen die beiden Ökoaktivisten natürlich noch die »Kräuter-Kooperative«. 120 Familien geben hier ihre Pflanzen ab, die gereinigt, getrocknet, sortiert und dann als Teemischungen eingetütet werden. Jorge Maldonado, dem Leiter der Kooperative, ist es gelungen, seinen Horchata-Tee mit 32 Kräutern bis nach Quito zu verkaufen. In der Region um Loja gilt er als Allheilmittel, die Leute trinken ihn bei Leber- und Nierenleiden, bei

14 (Nachfolgende Seite, oben) In ihrem Garten auf 4000 Metern Meereshöhe bauen Indios unter wissenschaftlicher Anleitung streng nach ökologischen Grundsätzen Heilkräuter an. »Medizinpflanzen« nennt sie Rainer Bussmann, der die Campesinos berät.

15 (Nachfolgende Seite, unten) In der »Teefabrik«: Hier werden die Heilkräuter zu einer Teemischung verarbeitet. Der Horchata-Tee mit 32 Kräutern wird bis nach Quito verkauft, er soll gegen Krebs helfen.

EXPERIMENTAL
DFC/INEFAN/FAO

RESUMEN ECONÓMICO
EL QUE ANTES DE LA MUERTE HA PLANTADO UN ÁRBOL, NO HA VIVIDO INÚTILMENTE

Herzproblemen und übermäßiger Nervosität, sogar eine krebslindernde Wirkung wird dem Horchata zugeschrieben. Rainer ist zufrieden: kleine, aber fassbare Ergebnisse seiner jahrelangen Arbeit. Menschen, die wieder eine Hoffnung haben, das ist ganz nach seinem Geschmack. Zusammen mit Jorge tüftelt er auch schon an neuen Teemischungen, die noch gezielter bei bestimmten Beschwerden wirken sollen.

16 Der Fledermausexperte hat den Kot von Fledermäusen, der noch unverdaute Samenkerne enthält, eingepflanzt. Die sprießenden Pflanzen zeigen, was die Tiere gefressen haben.

BATMAN GREIFT EIN

Ein dumpfes Donnern reißt Felix Matt aus dem Schlaf. Sie sprengen wieder! Vor Wut kann der Fledermausforscher nicht mehr einschlafen, denn die Sprengungen gelten seinen Lieblingen, den Fledermäusen. »Vampiro« – Blutsauger – werden sie von den Campesinos genannt, die sie gnadenlos verfolgen. Ein beliebtes Mittel, die angeblichen Überträger der Tollwut zu vernichten, ist, ihre Höhlen zu sprengen. »Wir haben in unserem Gebiet nur eine einzige Blut saugende Fledermausart, und deswegen zerstören die Bauern die Höhlen von vielen Tausenden ›unschuldiger‹ Fledermäuse, die als Pflanzen- oder Insektenfresser eine wichtige Rolle im Ökosystem spielen«, sagt Felix aufgebracht.

Seit seiner Jugend interessiert er sich für die nachtaktiven Flugsäuger, heute bestimmen sie sein wissenschaftliches Leben. Für das DFG-Projekt erforscht er die Rolle der Fledermäuse im Lebensraum Bergregenwald. Welche Pflanzen werden von ihnen bestäubt, welche Insekten gefressen, in welchen Höhenlagen kommt welche Art vor? Um diese Fragen beantworten zu können, stellt der Fledermausforscher nahezu unsichtbare Netzfallen im Wald auf und wartet dann nächtelang auf Beute. Ist eine Fledermaus ins Netz geflogen, wird diese bestimmt und vermessen, eine Probe des Kots genommen und dann wieder freigelassen. Die Kotprobe wird auf der Station in Töpfchen gepflanzt, und nach ein paar Tagen kann Felix Matt anhand der jungen Triebe die Pflanze bestimmen, die die Fledermaus vor dem Fang verspeist hat. Lowtech mit großer Wirkung.

Schrille, fast gespenstische Laute dringen aus Felix' Zimmer über die Veranda der Station. Ein untrügliches Zeichen, dass sein liebstes Spielzeug wieder im Einsatz ist: ein DAT-Recorder, mit dem er die nachts zuvor aufgenommenen Fledermausrufe hörbar machen kann. Die von den Tieren ausgestoßenen Ultraschallrufe sind in der Natur für den Menschen nicht hörbar. Erst in seinem »Zauberkasten« verwandelt Felix Matt die Signale in wahrnehmbare Töne, die er auf seinem Laptop auch grafisch darstellen kann. Faszinierend klingt dieser »Gesang der Fledermäuse« für den Laien, dem Spezialisten verrät er viel über die zumeist verborgenen Tiere. Mit Hilfe der Echoortungslaute orientieren sich die Fledermäuse im Luftraum, damit erkennen sie Hindernisse und lokalisieren ihre Beute. Trifft eine Ultraschallwelle beispielsweise auf ein Insekt, so wird dieses Signal zum Ohr des Jägers reflektiert. Bis auf den Millimeter genau können so Fledermäuse im Flug sich ebenfalls bewegende Futtertiere orten.

Dieses brillante natürliche Orientierungssystem ist mittlerweile schon gut erforscht, Felix benutzt die Tonaufzeichnungen zu einem anderen Zweck. Anhand der Stimmen der Fledermäuse – beziehungsweise anhand ihrer grafischen Darstellung auf dem Computerbildschirm – kann er einzelne Arten unterscheiden, ohne sie zu Gesicht zu bekommen. Fledermäuse zu fangen ist nämlich eine sehr zeitraubende Beschäftigung, und diese Zeit nutzt Felix lieber für Studien, die über die Inventarisierung hinausgehen. Doch einmal muss er seine Mäuse schon fangen. Denn nur wenn er eine Art dadurch bestimmt, dass er sie in Augenschein nimmt und dabei ihre Stimme aufzeichnet, weiß er, wer wie singt. 20 verschiedene Arten sind ihm schon ins Netz gegangen, von weiteren 15 kennt er bisher nur die Ortungsrufe. Er weiß, dass es unterschiedliche Arten sein müssen, kann auch aufgrund ihrer Rufe sagen, ob sie hoch fliegen, ob sie im Wald fliegen und was sie womöglich fressen. Nur wie sie aussehen und wie sie heißen, weiß er noch nicht. Deshalb nennt er sie einfach Fledermausart 1 bis 15.

Felix hält Vorträge in Schulklassen, wo er mit einfachen Worten die Zusammenhänge rund um die »Vampire« erläutert. »Mein Spanisch wäre sowieso nicht gut genug, um ein hochwissenschaftliches Referat zu halten«, meint er scherzend. Doch die Kinder in den Dörfern verstehen ihn und seine Botschaft: »Tötet keine Fledermäuse, sonst gibt es bald keine Nutzpflanzen mehr!« Um noch größere Breitenwirkung zu erzielen, möchte Felix in Zusammenarbeit mit INKA ein kleines Büchlein verfassen, das gedruckt und in den Dörfern verteilt werden soll. »Wissen ist die beste Waffe gegen Aberglauben«, ist Felix sicher, »und mit dem Aberglauben rund um den Vampir muss endlich Schluss sein!«

VON DER TIERWELT LERNEN

Das Ortungssystem der Fledermäuse ist nur ein Beispiel dafür, wie wir von unseren Mitbewohnern auf dem Planeten Erde lernen können. Die besten vom Menschen entwickelten Sonaranlagen, die auf dem »Fledermaus-Prinzip« basieren, können es bis heute nicht mit den kleinen Säugern aufnehmen. Es gibt Fledermäuse, die ihre fliegenden Opfer schon am Flügelschlag erkennen können. Damit arbeitet das Fledermaus-Sonar dreimal präziser als das empfindlichste von Menschenhand konstruierte Gerät. Andere Tiere sehen Infrarotlicht, zum Beispiel die Pythonschlange, die so nachts die warmen Säugetiere im Dickicht des Dschungels mühelos orten kann. Wir Menschen benutzen Infrarotkameras, um Wärmelecks an Gebäuden festzustellen, das Organ der Schlange ist allerdings immer noch zehnmal empfindlicher als solche Kameras. Leuchtkäfer strahlen Licht aus, das sie durch einen chemischen Vorgang erzeugen. Diese »Biolumineszenz« ist hoch effektiv, sie verwandelt 98 Prozent der erzeugten Energie in Licht, ein Wirkungsgrad, von dem man bei Glühbirnen nur träumen kann. Biolumineszenz hat schon manchem Schiffbrüchigen das Leben gerettet: Notsignale funktionieren nach diesem genialen Prinzip, das ohne äußere Energiequelle auskommt.

Sinnesleistung Riechen. Auch hier ist die Tierwelt dem Menschen haushoch überlegen. Düfte und Gerüche werden von vielen Tieren und Pflanzen als chemische Botenstoffe verwendet, mit denen sie untereinander kommunizieren können. Der durchorganisierte Ameisenstaat wäre ohne Duftinformationen nicht lebensfähig. Bis zu 20 verschiedene biochemische Signale ordnen das Zusammenleben, sei es bei der Nahrungsbeschaffung, der Abwehr von Feinden oder der Bautätigkeit im »Ameisenhaufen«. Pheromone nennt der Wissenschaftler die flüchtigen Botenstoffe, mit denen Tiere ihre Artgenossen warnen, Spuren legen, Partner anlocken. Bisher waren wir Menschen relativ erfolglos in dem Bemühen, die Effizienz dieses Biosystems nachzuahmen. Das ist ein weiterer Grund, warum wir mehr erfahren müssen über den Kosmos, der uns umgibt. Intelligente Lösungen für die Probleme der Menschheit – im unerschöpflichen Fundus der Natur können wir sie finden.

DER WALD WIRD ENTRÄTSELT

Steffen Matezki hängt in den Seilen. Die Objekte seiner Forschung hängen neben ihm: Lianen. Das sind holzige Kletterpflanzen, die selbst nur wenig Energie für Stützgewebe verschwenden und dafür andere Pflanzen, meist Bäume, nutzen, um möglichst schnell zum Licht zu gelangen und dort dem Hauptlebenszweck einer jeden Pflanze nachgehen zu können, der Fotosynthese. »Strukturparasiten« nennt sie der Fachmann, da sie sich der Struktur einer

17 Wie schnell wächst hier ein Baum? Mit einer einfachen Apparatur lässt sich der monatliche Umfangszuwachs exakt bestimmen.

anderen Pflanze bedienen, ohne direkt mit dieser verbunden zu sein. In der luftigen Höhe einer Baumkrone untersucht Steffen gerade Laubaustrieb, Blütenbildung, Fruchtbildung und den Fraßbefall einer Liane. Das macht er in verschiedenen Planquadraten einmal in der Woche an immer denselben Pflanzen. Dadurch erhofft er sich genaue Aufschlüsse über den Entwicklungsrhythmus der Lianen und schließlich auch über ihre ökologische Funktion im System Bergregenwald. 40 verschiedene Arten hat er schon auf seinen jeweils 400 Quadratmeter großen Forschungsparzellen untersucht, und täglich entdeckt er neue. »Viele stammen aus dem Amazonas-Becken, obwohl sie dort auf etwa 1000 Metern Meereshöhe ganz andere Lebensbedingungen haben als hier auf unserem Berg bei 2000 Metern über null«, sagt Steffen zu seinem Kollegen Jürgen Homeier, der gerade den Baum beringt, den Steffens Liane als Strukturparasit nutzt.

Jürgen Homeier ist Ökologe von der Uni Bielefeld. Er erforscht das Wachstum von häufig im Bergwald vorkommenden Baumarten. Dazu bringt er an den Stämmen so genannte Dendrometer-Ringe aus Aluminium an, die mit einer Feder zusammengehalten werden. An der Ausdehnung der Feder kann er monatlich das Wachstum der Bäume millimetergenau ablesen. 470 Bäume hat er in San Francisco schon beringt. Da über das Baumwachstum in tropischen Bergwäldern bisher noch so gut wie nichts bekannt ist, betritt Jürgen mit jedem Messergebnis wissenschaftliches Neuland. Und die ersten Zahlen sind schon erstaunlich. So hat er Bäume, die in einem Jahr sieben Zentimeter im Umfang zugenommen haben, und andere, die es in der gleichen Zeit gerade mal auf einen einzigen Millimeter bringen.

»Das hängt natürlich sehr von der Höhenlage, den Bodenbedingungen und dem Klima ab«, sagt der junge Ökologe und freut sich darauf, von den Bodenkundlern und dem Klimaforscher für die Auswertung genaue Daten zu seinen Bäumen zu bekommen. Seine Ergebnisse will Jürgen Homeier auch mit Erwin Beck absprechen, der für sein Aufforstungsprojekt ja schnell wachsende einheimische Bäume braucht. So wird auch seine Arbeit irgendwann einen praktischen Nutzen für die Menschen hier haben.

Es beginnt wieder zu regnen, besser gesagt: Es schüttet! Jürgen packt seine Sachen zusammen, er hat sein Tagespensum erledigt und gerade noch einen 20 Meter hohen Baum aus der Familie der Gänseblümchen mit dem Aluminiumband versehen. Steffen, der schon über drei Monate auf der Station San Francisco ist, muss noch zu einem höher gelegenen Sektor. Er flucht: »Das sind die Tage, an denen man keine Lust mehr auf den Wald hat. Nässe, Kälte, Schlamm und das ewige Grün verschwimmen zu einem einzigen trostlosen Brei. Da hilft nur noch ein Ruhetag auf der Terrasse. Danach freue ich mich wieder auf den Wald, denn es gibt dort noch so wahnsinnig viel Neues zu entdecken.«

Vom Regen aufgeweicht, kämpft sich Doris Wolf durch den

Wald. An einem kleinen Wasserfall sind Seile gespannt, an denen sie sich hochhangelt. »Vor zwei Wochen gab es die noch nicht, da musste ich mich immer furchtbar plagen, um hier hochzukommen. Dann habe ich die Stelle mit über 200 Metern Bergseil gesichert. Das war zwar ein Haufen Arbeit, aber dafür ist der Weg nun der reinste Spaziergang.« Nach zwei Stunden Aufstieg durch das Dickicht des Waldes ist die Forscherin an ihrem Einsatzort, um Duft- und Nektarproben einer speziellen Blüte zu nehmen. Dazu wird die winzige Blüte regelrecht verkabelt: Direkt über ihr wird eine elektrische Absaugpumpe justiert. Mit dieser aufwendigen Konstruktion will Doris Wolf herausfinden, welche chemische Substanzen der Duft der Blüte enthält und ob diese die Bestäuber, Fledermäuse oder Kolibris, anlocken. Sie will die Mechanismen der Abhängigkeiten zwischen Pflanze und Tier aufdecken.

Dazu arbeitet sie eng mit Detlev Paulsch zusammen, der die Nutzung verschiedener Waldtypen durch Vögel untersucht. Seit seiner Jugend hat sich der Doktorand mit der Vogelwelt beschäftigt, jede freie Minute war er mit dem Fernglas draußen, um »Vögel zu gucken«. In San Francisco begeistern ihn am meisten die Kolibris, von denen es hier bis zu 30 verschiedene Arten gibt, die auf so klingende Namen hören wie »Smaragdkehl-Glanzschwänzchen«, »Krawattenmusketier« oder »Bronzeschneehöschen«. Diesen Exoten gilt auch seine wissenschaftliche Arbeit: Vor einer Pflanze, die tagsüber von Kolibris und nachts auch von Fledermäusen bestäubt wird, hat er sein Fangnetz aufgestellt. Wenn sich darin einer der winzigen Vögel verfängt, kann er diesen bestimmen und so herausfinden, welche Kolibriart diese bestimmte Blüte bestäubt. Dabei misst Dieter Paulsch auch die Schnabellänge des Tiers, die einen Hinweis darauf gibt, welche Blüten es bevorzugt. Die Natur hat die Tiere nämlich so angepasst, dass die Schnabellänge meist der Länge der Blütenkelche entspricht. Mit ihrer gemeinsamen Arbeit wollen Dieter und Doris herausfinden, welche spezifischen Pflanzen im Wald vorhanden sein müssen, damit eine bestimmte Vogelwelt hier leben kann.

TEUFELSKREIS BRANDRODUNG

Erwin Beck hat nach dem zeitigen Frühstück die Station verlassen und macht sich mit seiner Mitarbeiterin Katja Hartig und seinem ecuadorianischen Doktoranden Eduardo Cueva an den steilen Anstieg. Diesmal geht es jedoch nicht den Bergregenwald hinauf, der Biologieprofessor erkundet den Gegenhang. Unterschiedlicher könnte die Umgebung nicht sein: drüben ein grünes Farbenmeer aus Tausenden verschiedener Pflanzen, hier eine öde Weidefläche, verkohlte Baumstümpfe, braune, mannshohe Farne. Auf dem Gelände steht eine kleine Finca. Ihre Bewohner mustern die Fremden skeptisch. Die waren schon öfter da und haben seltsame Fragen gestellt. Ob sie Brandrodung betreiben würden, und wie viele Kühe sie hier oben weideten? Beck bekommt auch heute keine befriedigenden Antworten, die Feuer würden von Landstreichern gelegt oder der Blitz habe eingeschlagen, und Kühe habe man so viele, wie man eben zum Überleben brauche. Das Überleben ist für die Menschen hier schwer, und so sieht sich Beck auch gar nicht in der Rolle des ökologischen Anklägers. Er will verstehen lernen, wie das Brandrodungssystem hier funktioniert, und dann versuchen, bessere Lösungsmöglichkeiten für die Menschen und den Wald zu finden.

Mit dem Spaten geht die kleine Gruppe ans Werk, die kargen Auskünfte der Bauern durch eigene Untersuchungen zu ergänzen. In dem ergrabenen Bodenprofil finden sich eine bis zwei mit Holzkohlestückchen durchsetzte Bodenschichten: untrügliche Zeichen für größere Brände, vermutlich im Zusammenhang mit der Rodung des Waldes. Die schwächeren Brände zur Erneuerung der Weideflächen hinterlassen keine solch deutlichen Spuren. Die intensive Verwundung durch das Feuer betrachtet Beck als das ökologische Grundübel der Bewirtschaftungsform, das jegliche Nachhaltigkeit von vorne herein ausschließt. Vielfach gerät das zur Weideverbesserung oder Waldrodung gelegte Feuer außer Kontrolle, wenn sich der Wind in den Bergen wieder einmal dreht, und greift auch auf die steilsten Berglehnen über, deren spärliches

18 (Linke Seite) Das Blütenkondom, das zu bestimmten Tageszeiten über die Blüte gestülpt wird, dient wissenschaftlichen Zwecken. Mit der so genannten »Ausschlussmethode« lässt sich feststellen, welche Tiere zu welcher Tageszeit bestimmte Pflanzen bestäuben.

Erdreich dann ein leichtes Opfer der Erosion wird. Schlimmer noch, dass das häufige Abbrennen die Ausbreitung und Konkurrenzstärke des Adlerfarns, des Weidevernichters Nummer eins, ungeheuer fördert. Warum werden die Weiden überhaupt abgebrannt? Dies liegt zum großen Teil am hauptsächlich gepflanzten Weidegras, von dem das Vieh nur die jungen Blätter, nicht aber das alte Laub und die Halme frisst. Kurz nach dem Brand treibt das Gras aus und erlangt einen kurzen Vorsprung vor dem Adlerfarn. Aber schon ab dem zweiten Jahr dominiert diese kräftige und vom Vieh gemiedene Farnpflanze wieder die Weiden. Von neuem wird gebrannt, wobei nicht nur Nährsalze freigesetzt und durch den nachfolgenden Regen ausgewaschen werden, sondern auch jedesmal die Kraft der Gräser geschwächt wird. Nach ein paar Jahren lohnt die Weide nicht mehr, die Fläche muss aufgegeben werden und die Rodung des Waldes geht weiter.

Dieses System treibt die Leute in die Landflucht. Viele Kleinbauern würden gerne ihr Land verkaufen und in die Stadt ziehen. Je mehr man gerodet hat, umso mehr kann man verkaufen, beziehungsweise umso höher wird der Preis der Flächen, eine nicht zu unterschätzende Motivation für die weitere Waldzerstörung.

Eine der zentralen Fragen in Becks Forschungsprojekt ist, ob der Wald wieder zurückkehren kann, wenn die Weideflächen vom Menschen aufgegeben wurden. Wieder geht es die steilen Hänge hinauf, diesmal in den über mannshohen Gebüschsaum zwischen Wald und Weide: undurchdringlicher noch als der eigentliche Wald ist das Gewirr, ohne Machete käme man keinen Schritt weiter. Hier, unmittelbar am Rande des Waldes, finden die Wissenschaftler junge Waldbäume. Irgendwann wird sich der eine oder andere gegen das Gestrüpp durchsetzen. Nicht so auf den dauernd abgefackelten Weiden. Nur an den steilsten Hängen fällt dort soviel seitliches Licht durch das Dach der Adlerfarnwedel, dass andere Pflanzen heranwachsen können. Dabei handelt es sich aber nicht um Jungpflanzen der Waldbäume, sondern um Vertreter der holzigen Unkrautflora, die sich mit ihren weit fliegenden Samen an allen möglichen Stellen ansiedeln kann. Selbst wenn es dieser Vegetation gelingt, den Adlerfarn durch Beschattung zu schwächen, bleibt immer noch das Problem, dass in größerer Entfernung vom Wald keine oder viel zu wenig Samen von Waldbäumen abtransportiert werden, um wieder einen Bergwald entstehen zu lassen. Die verlassenen landwirtschaftlichen Flächen zu regenerieren, kann nur noch mit forstlichen Maßnahmen gelingen. Deshalb forscht Becks Gruppe auch, welche Bäume des natürlichen Bergwalds dazu überhaupt geeignet wären, ob und wie diese ausreichend bereitgestellt werden können und natürlich auch, ob die Bevölkerung diese auch als Nutzholz akzeptieren würde.

Erwin Beck ist klar, dass die Menschen hier von der unberührten Natur allein nicht leben können. Ihm geht es darum, Wege aufzuzeigen, die zu einer nachhaltigen Nutzung der natürlichen Ressourcen führen. Als Resultat seiner Arbeit will Beck den ecuadorianischen Waldbauern genau sagen können, welche Bäume sie anpflanzen sollen. An einem anderen Gegenhang von San Francisco hat er täglich vor Augen, wie es nicht geht: Ausländische Kiefern und Eukalyptusbäume wurden hier gepflanzt, ihres schnellen Wachstums wegen. Doch nach 20 Jahren sind die Kiefern in einem erbärmlichen Zustand. Sie sind für die Böden und die Höhenlage einfach nicht geeignet. Erwin Beck weiß, wie die Folgen für die Gegend um San Francisco aussehen würden, sollten seine Forschungen scheitern: braunes Adlerfarngestrüpp, wohin das Auge reicht, hie und da einige Büsche, dazwischen Reste von Weidegras. Eine ruinierte Landschaft mit dramatischen Auswirkungen auf die Artenvielfalt, das Klima und den Wasserhaushalt. Ein intakter Wald ist nämlich sehr wichtig für das Klima, er filtert das Wasser aus den Wolken, Wasser, das für das regenarme Tiefland bitter nötig ist. Außerdem wirkt der Bergregenwald wie ein Wasserspeicher, der bei den verheerenden El-Niño-Überschwemmungen ausgleichend wirkt. Fehlt der Wald mit seinem mächtigen Wurzelsystem, kommt es im Boden zur Auswaschung der Nährstoffe durch Oberflächenwasser.

Nach mehreren Stunden Arbeit an den kahlen, trostlosen Hängen begeben sich Katja Hartig, Eduardo Cueva und ihr Doktorvater zurück zur Station. Katja bekennt im Gespräch, dass sie nach den monatelangen Recherchen bei den Campesinos den Menschen eigentlich nicht böse sein kann. Vielmehr Mitleid mit der beinahe ausweglosen Situation der Menschen hier verspürt. Da beginnt auch der sonst eher zurückhaltende Professor über seine persönliche Motivation zu reden: »Je älter man wird, desto stärker wird die Einsicht, dass man als Wissenschaftler eine Verantwortung hat. Natürlich soll der Hochschullehrer seine Studenten an den Beruf heranführen, doch viel wichtiger ist die Verantwortung gegenüber der Menschheit. Wir forschen, um Antworten geben zu können. Wir müssen den Leuten erklären, welche Konsequenzen ihr heutiges Handeln in der Zukunft hat. Wir haben die Aufgabe, sie neue Methoden zu lehren, dürfen aber gleichzeitig nicht als große Meister auftreten. Daher ist es sehr wichtig, die richtige Sprache zu finden, die die Menschen im Land auch verstehen.« Der Professor geht einige Minuten schweigend voran, dann bleibt er stehen und sagt lachend: »Und es macht Spaß, mit den Menschen zusammenzuarbeiten! Früher habe ich gedacht, es ist spannend, eine neue Pflanze zu entdecken. Doch heute weiß ich, dass es viel aufregender ist, die Zusammenhänge im Ökosystem verstehen zu lernen!«

DER LANGE MARSCH

In der Morgendämmerung herrscht ungewohnte Betriebsamkeit in der Küche von Maria. Aus dem Tal sind ein paar Campesinos mit ihren Eseln angekommen, und da sie schon vor ein paar Stunden aufgebrochen waren, knurrt ihnen jetzt der Magen. Mit einem kräftigen Frühstück – Eier, Bohnen und Speck – werden die Männer gestärkt, denn Rainer Bussmann will mit ihnen eine große Tour machen. Vor ein paar Wochen hat er von einem sehr zurückgezogen lebenden

Heiler gehört, der hoch in den Bergen an einer heiligen Lagune seiner Kunst nachgehen soll. Endlich hat er von mehreren Einheimischen dieselbe Wegbeschreibung bekommen, sodass er sich zu 50 Prozent sicher sein kann, den Platz auch zu finden.

Proviant und Zelte werden auf die Esel geladen, und kurz nach acht Uhr setzt sich die Karawane in Bewegung. Das Gelände ist wie überall hier steil, die Wege, falls vorhanden, schmal. Doch den Lasttieren macht das nichts aus, sie sind das gewohnt. Erst als es darangeht, einen Bach mit einer reißenden Strömung zu durchqueren, zögern sie. Rainer und der Führer der Tragtiere gehen am Ufer auf und ab, um eine leichtere Stelle zu finden. Doch es sieht überall ähnlich gefährlich aus. Rainer Bussmann will kein unnötiges Risiko eingehen und erwägt die Umkehr, doch der einheimische Führer schmunzelt nur. »Wir werden es versuchen«, sagt er gelassen und treibt die Tiere an. Bis zum Bauch stehen die Männer im Wasser, doch der Untergrund gibt ihnen einen festen Halt. Leichter als erwartet erreichen sie das andere Ufer, die Esel, angeblich so störrisch, sind ihnen in stoischer Ruhe gefolgt.

19 Spätestens seit El Niño erkennt auch die breite Öffentlichkeit die Bedeutung weltweiter meteorologischer Beobachtungsnetze. Klimaforschung macht nur Sinn, wenn sie über die Grenzen eines Landes oder eines Kontinents hinausgeht.

Jetzt beginnt der schweißtreibende Teil der Dschungeltour. Stundenlang geht es steil bergauf, die Sonne brennt von einem ausnahmsweise wolkenlosen Himmel, der Wald dampft. Wird sich die Mühe lohnen? Wird Rainer neue Heilpflanzen entdecken, neue Erfahrungen mit ihren Wirkstoffen machen? Genaue Informationen zum sagenumwobenen Lagunenheiler hat er bisher nicht. Über das Geschäft der Curanderos wird in Ecuador nicht viel geredet, es ist offiziell verboten. Auf einer Lichtung trifft der Ethnobotaniker einen Forscherkollegen, Paul Emck, den Klimaforscher der Station. Der zweiunddreißigjährige Niederländer hat in Erlangen Hydrologie studiert und betreibt sieben vollautomatische Messstationen im Großraum Loja. 70 Kilometer muss der »Wettermann« zu Fuß zurücklegen, um sie regelmäßig zu kontrollieren und die Daten in seinen Laptop zu laden. Lufttemperatur, Luftfeuchtigkeit, Windrichtung, Windstärke, Niederschlagsmengen, Bodentemperatur in 0 Zentimeter und 60 Zentimetern Tiefe sowie die Werte der Globalstrahlung füttern seine Datenbank, die er nach einer Untersuchungsdauer von drei Jahren auswerten will. Für die Klimaforschung ist der Zeitraum von drei Jahren sehr kurz, weswegen die Dateien unbedingt vollständig sein müssen. Deshalb ist Paul immer unterwegs, um die Geräte ständig zu überprüfen, damit nicht eine defekte Sonde die ganze wissenschaftliche Arbeit zunichte macht.

Das Klima des Ökosystems Bergregenwald, das sich über verschiedene Höhenstufen vom Ostteil bis zum Westteil der Cordillere zieht, könnte ein entscheidender Faktor für den Artenreichtum der Region sein. Hier prallt nämlich das feuchte Amazonas-Klima auf das trockenere Pazifik-Klima. Der Ort Vilcabamba profitiert von dieser beinahe einmaligen Wettersituation, sein Klima gilt als besonders gesund. Nicht nur deswegen hat sich der niederländische Forscher dort eine Wohnung genommen und sich damit einen Jugendtraum erfüllt: einmal in einem exotischen Land zu leben und zu arbeiten. Da ist das »Tal der Hundertjährigen« genau das Richtige. Rainer lässt seine Karawane etwas rasten und nutzt die Zeit zum Gespräch unter Kollegen. Natürlich fragt er den »Wettermann« auch nach dem Geheimnis der Hundertjährigen, schließlich sieht Paul diese ja täglich von seinem Balkon aus.

Der Klimaforscher kommt, wie könnte es anders sein, gleich auf das Wetter zu sprechen: »Vilcabamba ist klimabegünstigt, weil es relativ tief liegt im Vergleich zur umgebenden Cordillere mit über 3600 Meter hohen Gipfeln. Es ist vergleichbar mit der Föhnlage in Bayern, nur dass sie hier dauernd anhält und die Leute deswegen kein Kopfweh bekommen, im Gegenteil, es geht ihnen sehr gut.«

Dem Ethnobotaniker ist das zu wenig, es muss doch noch mehr Faktoren geben, die für das hohe Alter der Leute von Vilcabamba verantwortlich sind: »Hast du gesehen, dass sie etwas Spezielles essen, besondere Kräuter oder dergleichen?«

Paul lächelt und erklärt ganz offen, dass er den Alten nicht recht traut: »Weißt du, dass es erst seit dem Beginn des 20. Jahrhunderts ordentliche Geburts- und Sterberegister in der Stadt gibt?« Außerdem werden in dieser Gegend die Söhne sehr oft auf den Namen des Vaters getauft, sodass es im Alter schon mal zu Verwechslungen kommen könne. Man erinnert sich an den Geburtstag des Vaters und rechnet bis zum Sterbetag des Sohnes und ist schnell bei einem Methusalem-Alter von 120 Jahren.

Rainer hakt nach: »Auch wenn die Leute nicht exakt so alt sind, wie sie behaupten, sind sie doch für ihr augenscheinlich hohes Alter verblüffend vital und rüstig. Viele, die bei uns in Deutschland längst im Altersheim sitzen würden, arbeiten in Vilcabamba immer noch auf dem Feld!«

Paul gibt sich geschlagen. »Vielleicht gibt es doch ein Geheimnis von Vilcabamba«, verabschiedet sich der Wettermann. Er muss weiter zur nächsten Messstation.

DIE HEILIGE LAGUNE

Die Rast hat den Eseln gut getan, und auch die Zweibeiner gehen gestärkt an den weiteren Aufstieg zur Lagune. Doch irgendwann verdient der Weg seinen Namen nicht mehr, und Rainer beschließt, die Packtiere mit einem Jungen zurückzulassen. Sie müssten bald die Waldgrenze erreichen, und von da aus soll es nur noch eine gute Stunde bergan gehen bis zum magischen Platz des Lagunenheilers. Also schultern die Männer das notwendigste Gepäck und schlagen

20 (Nachfolgende Doppelseite) Expedition zu den Geheimnissen des Elfenwaldes von San Francisco…

mit ihren Macheten den Weg durch das Dickicht frei. Es dämmert schon, als sie die Baumgrenze tatsächlich erreichen. Bussmann treibt zur Eile, denn seine Informanten haben ihm erzählt, dass der Curandero seine Zeremonien immer in den Abendstunden abhält, bevorzugt bei Vollmond. Dieser spendet glücklicherweise genügend Licht, sodass der Forscher und seine Begleiter gefahrlos weitersteigen können. Was wird sie erwarten?

Endlich ist die Lagune erreicht. Der Mond spiegelt sich in der glatten Oberfläche des dunklen Bergsees. Es ist kalt geworden, wir sind immerhin in beinahe 4000 Metern Höhe. In der Stille der Nacht erschallen plötzlich Rasseln und ein eigenartiger Gesang. Erst jetzt entdeckt der Ethnobotaniker eine kleine Gruppe Menschen, die dicht am Ufer stehen. Keine Fackel, kein Feuer, keine Taschenlampe erleuchtet die Szenerie. Lange Mondschatten werfend, nähert sich Rainer Bussmann vorsichtig der Gruppe. Die Zeremonie hat bereits begonnen. Der Curandero schlägt in gleichförmigem Rhythmus die Rassel und summt dazu. Vor ihm ragen seltsame Stäbe aus dem Boden, an deren Ende geschnitzte Köpfe prangen. Darum herum liegen Muscheln, Steine, Flaschen und Gläschen, ein Minotaurus aus Stein, alles nach einer geheimnisvollen Ordnung platziert. Als der Lagunenheiler den Fremden sieht, winkt er ihn wortlos heran und bedeutet ihm, ruhig zuzusehen. Die umstehenden »Patienten« nehmen keine Notiz von ihm. Der Heiler hat die Rassel beiseite gelegt und greift nun zu einer Flasche, die mit eingelegten Pflanzen gefüllt ist. Er nimmt einen kräftigen Schluck und bespuckt damit die Umstehenden von oben bis unten. Das kennt Rainer schon, es soll der Reinigung dienen. Dann nimmt der Curandero einen der vor ihm im Boden steckenden Stäbe und streicht damit über die ausgestreckten Arme der Anwesenden, dabei singt er. Danach gibt es nochmals eine feuchte »Reinigung«. Der ganze Vorgang wiederholt sich etliche Male. Erst jetzt bekommen auch die Patienten etwas aus der großen Kräuterflasche,für jeden gibt es einen Schluck zu trinken, dieselbe Dosis muss dann noch durch die Nase eingesogen werden.

Und dann geht alles sehr schnell. Der Heiler fordert die Teilnehmer auf, sich auszuziehen und, einer nach dem anderen, in der Lagune unterzutauchen. Das Bad in der eiskalten, spiegelglatten Lagune ist Abschluss und Höhepunkt der Heilung. Wortlos gleiten die Menschen ins Wasser, begleitet vom eintönigen Rhythmus der Rassel und einem letzten Ruf des Curanderos.

Es ist bereits nach Mitternacht, als Rainer mit dem Heiler endlich ins Gespräch kommt. Auf die Frage, welche Krankheiten er denn behandelt, antwortet er vage: »Jeder kann sich heilen lassen, wenn er sich krank fühlt. Meine Kunst hilft auch gegen Liebeskummer. Einer der Anwesenden ist von seinem Mädchen verlassen worden, er war sehr unglücklich. Ich bin sicher, dass er sich morgen besser fühlen wird.« Der Curandero scheint sein Thema gefunden zu haben und erklärt, dass er auch einen Liebeszauber bewirken kann, ob der Forscher es einmal probieren möchte. Bussmann winkt ab: »Ich bin schon vergeben, vielen Dank!«

Das, was er mache, fährt der Lagunenheiler ungefragt fort, sei doch etwas ganz Normales, das habe es in dieser Region der Anden immer schon gegeben. Selbst der Präsident von Peru, Fujimori, habe sich schon mal heilen lassen. Wichtig für eine Heilung seien der richtige Ort, die richtige Zeit und der feste Glaube.

»Und die Kräuter, die du verwendest?«, streut der Botaniker ein.

»Die sind selbstverständlich sehr wichtig«, erwidert der Heiler, »in dieser Flasche sind sämtliche Andenkräuter eingelegt.« Als Rainer den Mann ungläubig anschaut, schenkt der ihm die Flasche zum Abschied und zieht sich in das Dunkel der Nacht zurück.

WIR SIND ERST AM ANFANG

Die Wunderflasche hat Rainer Bussmann heil auf die Station gebracht, die wird er sich noch etwas genauer anschauen müssen. Die Bemerkung über die »sämtlichen Andenkräuter« hat ihn sehr neugierig gemacht. Doch zuerst ruft wieder einmal die Verwaltungsarbeit.

21 *Auf zu neuen Ufern! Hier im Regenwald gleichen die Arbeitsbedingungen noch oft denen Alexander von Humboldts. Wir beginnen erst, das Funktionieren unserer belebten Umwelt zu verstehen. Hoffentlich haben wir noch die Zeit dazu, ehe zu vieles von den natürlichen Schätzen und unserer Lebensgrundlage für immer verloren gegangen ist.*

Im großen Labor der Station ist eine Besprechung angesetzt. Professor Beck, gewissermaßen der Vater des ganzen Projekts, Professor Fiedler, der Koordinator der Gruppe, und Rainer Bussmann, als Vizepräsident der Fundación Científica San Francisco der Verantwortliche für die Infrastruktur vor Ort, sitzen zusammen an einem Tisch. Mikroskope, Computer und Pflanzenproben wurden zur Seite geräumt, Stapel bedrucktes Papier liegen auf dem Tisch – Anträge für neue Projekte. Über fünfzehn neue Arbeitsgruppen wollen demnächst am Großprojekt teilnehmen, Forst- und Agrarwissenschaftler, Spezialisten für Bodenorganismen und Pilze, Klimatologen und Kartographen.

Bussmann weist auf die Kapazitätsgrenzen der Station hin, andererseits freut er sich, dass San Francisco so gut von den

22 *Ein einzigartiger, in die Landschaft eingepasster Ort: Wissenschaftler aus den verschiedensten Fachrichtungen erforschen von hier aus das Ökosystem Bergregenwald.*

Wissenschaftlern angenommen wird. Eine optimierte Verteilung der Arbeitsgruppen über das Jahr könnte auch für die Neuen genügend Platz schaffen. »Es gibt auf der Welt keine vergleichbare Tropenstation, wo ganz verschiedene Arbeitsgruppen auf identischen Flächen, ja an identischen Pflanzen forschen und miteinander kooperieren«, meint Fiedler. Und je dichter dieses Netzwerk des interdisziplinären Informationsaustausches wird, umso komplexer und konkreter werden die Ergebnisse sein.

Der Blick fällt hinaus auf den in der Dämmerung versinkenden Wald. Erwin Beck ist sicher, dass das erst der Anfang des Projekts ist. Er schätzt, dass etwa 20 Forschungsgruppen nötig sein werden, um das Ökosystems in seiner Gesamtheit zu analysieren. Als die Besprechung zu Ende ist, hat sich der Hausherr, Ivan Gaylor, zu den Wissenschaftlern gesetzt. Ihm ist ein Gedanke ganz wichtig, der weit über den Tag hinausreicht: »Es geht darum, hier eine wissenschaftliche Infrastruktur zu entwickeln, die auch dann fortbesteht, wenn die Forscher aus Deutschland einmal nicht mehr da sein werden. Die Forschung muss im Lande weitergehen, und genauso müssen die Ergebnisse der Arbeit hier umgesetzt werden. Unsere Aufgabe ist, dafür die Voraussetzungen zu schaffen. Nachhaltige Nutzung der wissenschaftlichen und ökologischen Ressourcen muss unser Ziel sein. Was Erwin Beck mit der Wiederbewaldung versucht, ist dafür das beste Beispiel.«

BRENNEN DIE FEUER NOCH?

Rainer Bussmann ist sich darüber im Klaren, dass viele Menschen von seiner Arbeit das Wundermittel aus der Regenwaldapotheke erwarten. Pharmafirmen geben mehrstellige Millionenbeträge aus, um aus tropischen Pflanzen, Tieren und Mikroorganismen neue Medikamente zu extrahieren. Krebs, Rheuma, AIDS – die fieberhafte Suche nach Gegenmitteln hat sich auf den ganzen Globus ausgedehnt. Ob die »grüne Apotheke« das richtige Mittel enthält, ob die Arzneien der Naturvölker zukünftige Generationen von so mancher Geißel der Menschheit befreien können, – der Ethnobotaniker Bussmann ist da zurückhaltend. »Ich habe gelernt, dass viele Mittel nur in Kombination mit dem Ritus und dem tiefen Glauben der einheimischen Bevölkerung wirken«, sagt er nachdenklich. Doch für die Menschen der Anden ist das Wissen der Heiler und ihre Pflanzen ein kostbarer Schatz, den es zu bewahren gilt.

Als Alexander von Humboldt die Gegend um Loja bereiste, war die Welt noch in Ordnung. Der Mensch hatte noch gar nicht die Mittel, zerstörerisch in die Natur einzugreifen. Erst unserer Generation ist es gelungen, dies gründlich zu ändern. Eines der artenreichsten Gebiete der Erde ist hochgradig bedroht. Konrad Fiedler: »Es ist eminent wichtig, diese artenreichen Ökosysteme zu schützen, damit wir nicht Tiere und Pflanzen ausrotten, bevor sie je ein Mensch zu Gesicht bekommen hat.« Und der Tierökologe fährt mit dem kühnen Vergleich fort: »Mit den Milliarden, die wir in die Weltraumforschung gesteckt haben, wissen wir heute bedeutend besser über die Beschaffenheit der Mondoberfläche Bescheid als über die Organismen, die mit uns gemeinsam diesen Planeten bevölkern.« In der humboldtschen Tradition der Einheit von Forschung und Lehre, in seinem Ansatz einer ganzheitlichen Wissenschaft sieht Fiedler einen Ausweg aus der prekären Situation. In einer Zeit der fortschreitenden Spezialisierung ist die deutsche Forschergruppe von San Francisco ein ermutigendes Beispiel dafür, wie man fachübergreifend auf höchstem Niveau zusammenarbeiten kann. Daraus resultieren zwar immer neue Fragen, aber auch neue Einsichten!

Damit sich die Zusammenarbeit nicht nur auf Wissenschaftskreise beschränkt, fördern die FCSF und INKA den Dialog zwischen Forschern, Umweltorganisationen und Bevölkerungsgruppen mit traditioneller Lebensweise. Den in Südecuador bewährten Ansatz, Forschungsergebnisse und traditionelles Wissen in gemeinsamen Projekten fruchtbar zu machen, erprobt INKA auch in vergleichbaren Regionen in angrenzenden Ländern. Zusammen mit den Menschen vor Ort sollen Möglichkeiten erarbeitet werden, wie sie langfristig wirtschaften und gleichzeitig die biologische Vielfalt erhalten können.

Eine einfache, aber grundlegende Einsicht hat Ivan Gaylor schon bei seinem ersten Besuch im Bergregenwald gewonnen: »Der Mensch ist nicht die Krone der Schöpfung. Der größte und stärkste Ausdruck des Lebens ist die Vielfalt des Lebens. Wenn wir die Vielfalt des Lebens zerstören, zerstören wir uns selbst.« Aber wie können wir die Vernichtung dieser Vielfalt, die sich in allen Lebensbereichen beobachten lässt, stoppen? Sieht der Amerikaner die Feuer von Vilcabamba noch immer brennen?

In seiner Antwort ist der Leitsatz seines ganzen Lebens enthalten: »Die Feuer brennen noch, aber am Ende hängt alles vom Einsatz des Einzelnen ab. Vergiss die Regierungen, jeder einzelne Mensch ist für das Schicksal der Welt verantwortlich. Wir befinden uns in einem entscheidenden Wettlauf – gegen die globale Erwärmung, das Ozonloch, die Vernichtung der Wälder, das Artensterben, die atomare Bedrohung … Ob wir diesen Wettlauf gewinnen, weiß ich nicht. Ich weiß nur, dass es Spaß macht, den Kampf aufzunehmen, und dass ich am Ende der Tage nicht sagen will: Du hast es ja gar nicht versucht.«

DIE STEINERNE BIBLIOTHEK VOM YUNJUSI

Von Gisela Graichen

12 Uhr mittags, am 15. Tag des 10. Monats im Jahr 601, seinem Geburtstag, lässt der chinesische Kaiser Wen gleichzeitig an 30 verschiedenen Stellen seines Reiches überaus wertvolle Kostbarkeiten deponieren: die Reliquien Buddhas. Damit weiht der Kaiser sein ganzes Land dem Erleuchteten.

Der nördlichste Punkt der Reliquienverteilung ist das Kloster Zhiquansi in Beijing (Peking), damals ein entlegener Winkel in der nordöstlichsten Ecke Chinas. Hier lebt und arbeitet der Mönch Jingwan, der eine Bibliothek begründen wird, die man einst mit der Alexandrias vergleichen sollte.

Dieser äußerste Zipfel des Reichs wird plötzlich zum Schauplatz großer Politik.

Wen, erster Kaiser der Sui-Dynastie, und sein Nachfolger Yang haben guten Grund, den Buddhismus zu fördern: Er hat den Sui-Kaisern geholfen, das seit 300 Jahren in eine nördliche und südliche Hälfte geteilte China wieder zu vereinen. Das neu erstarkte China dringt nach Osten vor, um die verloren gegangenen Gebiete, vor allem Korea, zurückzuerobern. Yang zieht eine Million Arbeiter zusammen und lässt einen Kanal ausheben, der den Nordosten mit dem System der großen Wasserstraßen im Süden und Westen verknüpft. Die verkehrsmäßige Anbindung des unterentwickelten Nordens ist ein wichtiger Schritt zum einheitlichen Imperium und logistische Voraussetzung zur geplanten Eroberung Koreas.

23 (Vorhergehende Doppelseite) Nur die Fingerkamera überträgt Bilder aus der versiegelten Felskammer auf den abgedunkelten Monitor. Hunderte von Steinplatten mit eingemeißelten Texten liegen in der Höhle verborgen.

612 beginnt der Feldzug. Über drei Millionen Menschen – Soldaten und Tross – werden über die künstliche Wasserstraße nach Norden transportiert. Der Kaiser schlägt mit seinem Hofstaat in der Ebene südlich von Beijing in der Provinz Zhuo sein Feldlager auf. Kurz zuvor hat der Mönch Jingwan das Kloster Zhiquansi verlassen und ist ebenfalls in die Provinz Zhuo gezogen. Hier will er sein Gelübde erfüllen und sein ungeheuerliches Vorhaben beginnen.

Die Nachbarschaft des Kaisers und der Kaiserin und ihrer gewaltigen Menge an Begleitern ist für Jingwan ein unerhörter Glücksfall. Xiao Yu, der jüngere Bruder der Kaiserin, hört von Jingwans Plan. Er ist ein tiefgläubiger Buddhist und – Vizedirektor des Palasthaushaltsamtes. Er informiert seine Schwester, die Kaiserin. »Daraufhin«, so heißt es in einer historischen Quelle, »stiftete die Kaiserin 1000 Ballen Seide und außerdem noch Geld, um die Vollendung zu befördern. Xiao Yu stiftete auch 500 Ballen Seide. Als die Höflinge und die außerhalb des Hofes davon hörten, suchten sie sich gegenseitig in ihren Stiftungen zu übertreffen.«

Die Höflinge fühlen sich offenbar gedrängt, der Kaiserin nachzueifern; und die Soldaten, eine Schlacht mit ungewissem Ausgang vor sich, verrichten noch schnell ein frommes Werk und spenden kräftig, um sich des Segens Buddhas zu versichern. Es muss ein Vermögen zusammengekommen sein für den Mönch Jingwan und sein uns heute schlicht wahnsinnig anmutendes Projekt.

Sein mächtiger Mäzen Xiao Yu verficht weiterhin die buddhistische Lehre bei Hof und wird im Alter selbst Mönch. Die Feldzüge enden tatsächlich mit fürchterlichen Niederlagen und bringen riesige Verluste für das Heer. Die Militäraktion gegen Korea scheitert, die Sui-Dynastie bricht 618 zusammen. Und unser Mönchlein? Es wird sein Gelübde nicht erfüllen, aber die Basis legen zu einem der kühnsten – und bis heute unbekanntesten – Projekte der Menschheitsgeschichte, der steinernen Bibliothek vom Yunjusi.

DIE RELIQUIEN DES BUDDHA

Am 8. Tag des 4. Monats 616, also am Geburtstag des Buddha, schachtelt Jingwan vorsichtig drei Kästchen ineinander. Feierlich legt er in den innersten, würfelförmigen Steinkasten drei Perlen, schließt den Deckel und liest noch einmal den Text, den er hat einmeißeln lassen:

Unter der Großen Sui-Dynastie im 12. Jahr der Ära daye, einem bingzi-Jahr, im 4., einem dingsi-Monat, am 8., einem jiazi-Tag, habe ich in diesem Kasten drei Körner aus den Reliquien des Buddha deponiert in dem Wunsch, dass sie hier bleiben mögen für ewige Zeiten.

Dann vergräbt er die Kästchen in der Mitte einer unregelmäßig quadratisch in den Fels gehauenen Kammer von rund zehn Metern

Breite und Länge. Damit weiht der Mönch die Höhle zu einem buddhistischen Kultraum.

Als Jingwan die Reliquien in der Donnerklanghöhle – der Leiyindong – vergräbt, liegen schon ein paar Jahre harter Arbeit hinter ihm. Die Höhle hat er in 400 Metern Höhe in steilem Gelände unterhalb eines Bergkamms in den Fels schlagen lassen. Die Wände sind vollständig mit rechteckigen Platten bekleidet: 147 Steine mit eng eingemeißelten Schriftzeichen. Der aussichtslose Versuch, das Gelübde zu erfüllen, doch ein Anfang. Mehr als 15 000 Steinplatten sollen es noch werden, über fünf Jahrhunderte gemeißelt von Tausenden von Mönchen. Das Vermächtnis der buddhistischen Mönche in Erwartung des Weltuntergangs.

APOKALYPSE IM REICH DER MITTE

Jingwans Lehrer war – wie vermutet wird – der Patriarch Huisi, der berühmte Prophet der Apokalypse. Auf jeden Fall kannte Jingwan dessen Texte, die den bevorstehenden Weltuntergang voraussagten. Und der kündigte sich schon recht handgreiflich an. Als Kind hatte Jingwan die gnadenlose Buddhistenverfolgung der Zhou-Dynastie (551–581) miterlebt, die ab 577 auch das unterworfene Gebiet um Beijing betraf. Ein zeitgenössischer Bericht schildert, wie der Zhou-Herrscher 500 namhafte Mönche vor seinem Thron erscheinen ließ und ihnen seinen Willen verkündete, ihren Glauben auszurotten. Die Mönche hörten schweigend zu und weinten.

Die Argumente des Zhou-Kaisers glichen denen anderer Anti-Buddhisten einschließlich der chinesischen Kommunisten unserer Tage: Mönche und Nonnen waren von Steuern und Zwangsarbeit befreit und trugen insofern nichts zum Staatshaushalt bei. Der Bau von Klöstern und das Fertigen von bronzenen Kultbildern wurde als Verschwendung von Produktionsmitteln und -kräften angesehen, also als staatsschädigend. Und schließlich: Der Buddhismus müsse ausgemerzt werden, da er aus dem Ausland gekommen sei.

Zwischen 577 und 581 wurden angeblich 40 000 Klöster zerstört

24 (Linke Seite) Der Grottentempel des Großen Buddha von Dafosi wurde unmittelbar an der Seidenstraße in den Berg geschlagen. Eine Inschrift datiert die Errichtung auf dasselbe Jahr wie die Fertigstellung der Donnerklanghöhle durch den Mönch Jingwan: Monumentalität im Zeichen der Apokalypse.

und drei Millionen Mönche und Nonnen in den Laienstand zurückgeführt. Mönche wurden zum Militärdienst eingezogen, liturgische Geräte entweiht, Kultbilder eingeschmolzen und – immer wieder – heilige Schriften verbrannt.

Vor allem Letzteres muss den jungen Jingwan tief beeindruckt haben. Wenn Edelmetall eingeschmolzen und Papier verbrannt würde, wie sollte dann noch Wissen bewahrt werden, das gesammelte Wissen von Jahrhunderten? Wie konnten Texte, die die gesamte Philosophie zusammenfassten, alles, was man wusste über Moral und Medizin, über Geschichte und menschliches Zusammenleben, die aber auch festhielten, wie man fehlerfrei badet, die Arzneien korrekt zu sich nimmt, wie man richtig isst und schläft, sehr präzise Lebensregeln eben, eine Katastrophe überstehen? Wie konnte verhindert werden, dass alle Kenntnisse und Erfahrungen der Welt, seiner Welt, bei einem Weltuntergang für immer verloren gingen? Und dass der bevorstand, davon gingen die Buddhisten des beginnenden 7. Jahrhunderts aus nach den gnadenlosen Verfolgungen in der Zhou-Dynastie, die für sie ein Zeichen waren.

In den buddhistischen Schriften gibt es genaue Berechnungen und Zeitpläne für das Eintreten der Apokalypse. Nur die ersten 500 Jahre nach Buddha gelten als die Periode der Wahren Lehre, dann beginnt die Scheinlehre mit der folgenden Phase des Untergangs. Es galt also für den jungen Mönch aktiv zu werden.

Schon im indischen Buddhismus gibt es Endzeitvorstellungen, die auch die Chinesen nach der Übernahme der Religion in den ersten Jahrhunderten n. Chr. faszinierten. Das angekündigte Szenario ist das Gleiche und wird in alten Schriften drastisch beschrieben: Die Welt mit ihrer sozialen Ordnung gerät aus den Fugen, Kriege brechen aus, Menschen werden vertrieben und heimatlos, Hunger, Not und Krankheiten sind die Folge, Räuberbanden terrorisieren ungestraft das Land, Willkür und Grausamkeit der Herrschenden quälen die Menschen. Klöster, Kultbilder und Texte werden zerstört, Mönche ermordet. Diese Phase hat Jingwan erlebt.

Dann der moralische Verfall auch innerhalb des Klerus: Die Mönche horten Reichtum, brennen Wälder ab, um Land zu gewinnen, trinken Wein, kleiden sich kostbar und geben sich verbotenen Freuden hin. Die heiligen Texte können sie nicht mehr verstehen und rezitieren. Falsche Lehrer führen in die Irre, die Wahre Lehre löst sich auf. Das Ende steht bevor, wenn die heiligen Schriften verschwinden.

Schließlich die Entfesselung der Elemente: Überschwemmungen, Erdbeben, Feuersbrünste, Orkane und bisher unbekannte Seuchen verwüsten das Land und ziehen eine Schneise der Vernichtung. Mit Donnergetöse brechen die Fluten von Nordwesten herein und reißen die verzweifelt um Hilfe schreienden Menschen mit sich. Apokalyptische Reiter, bewaffnet mit Speeren, Donnerkeilen und Äxten, sprengen auf Drachenpferden heran und rufen: »Tötet!« Blut fließt in Strömen, Berge von gebleichten Knochen türmen sich auf. Ein Titan mit sieben Sonnen in den Händen überzieht die Erde mit einem Flammeninferno. Dämonen jagen die Menschen und verschlingen sie.

Die Erde versinkt für sieben Tage und Nächte in Dunkelheit.

Doch einer kleinen Zahl von Auserwählten ist Rettung verheißen. Sie werden den Weltuntergang überleben, wenn sie sich an einen sicheren Ort zurückziehen, etwa in eine Höhle auf einem Berg, und strikt die Gebote Buddhas befolgen.

Doch wer kennt die Gebote nach dem Weltuntergang? Wer vermittelt Lebenserfahrung und Wahrheit? Das Wissen der Welt, ehe sie zusammenbrach?

Da legte der Mönch Jingwan sein Gelübde ab, dieses Wissen zu bewahren. Dass die Menschen, die die Apokalypse überstehen, Chinesisch beherrschen würden, war für ihn keine Frage.

AUF DEM WEG ZUR DONNERKLANGHÖHLE

Die Fenster des Hotelzimmers in Beijing lassen sich nicht öffnen. Zugeschraubt. Draußen eine dicke, graue Smogwand. Viele der

Menschen auf der Straße tragen einen Mundschutz. In Beijing wie auch in Xi'an, einer späteren Station unserer Reise, hat sich das Bild in den letzten Jahren gewandelt: weniger Fahrräder, die Straßen überfüllt von Autos. Die Fahrer hupen und drängeln, manövrieren so tollkühn, wie wir es nie wagen würden. Rote Ampeln, durchgezogene Linien, Geschwindigkeitsbegrenzungen machen keinerlei Eindruck, obwohl die Polizei mehr Präsenz zeigt als in Deutschland. Die Städte scheinen eine einzige brodelnde Baustelle zu sein, Boomtowns. Ihre Silhouetten sind markiert durch die Gerüste der halb fertigen Wolkenkratzer. Früh morgens erfahren wir an den Ausfallstraßen per Leuchtschrift die neuesten Börsenkurse. Riesige Werbetafeln propagieren nicht mehr die Verdienste des chinesischen Kommunismus, sondern die Vorzüge einer bestimmten Bank bei der Finanzierung von Eigentumswohnungen oder exklusiver Wohnanlagen mit Swimmingpool und Doorman. Dynamik und Aufbruchstimmung des neuen, des modernen Chinas. Im Fernseher gibt es rund zwei Dutzend Programme, gern gesehen: die amerikanischen Soaps mit chinesischen Untertiteln. Oder Donald-Duck-Filme, deren Entenhausener Dialoge fast bildschirmfüllend in chinesische Schriftzeichen übersetzt sind. Dazwischen Werbung für das gute – also kapitalistische – Leben. Vom Luxusshampoo für glänzende Haare bis zum modernsten Computer. In einem Spot, bei dem ich verzweifelt und vergeblich herauszufinden versuche, welchem Produkt die Werbung gilt, ist immerhin die Botschaft klar: Ein hoffnungslos gestriger Lehrer im blauen Mao-Anzug wird von einer Klasse modern gekleideter junger Burschen ausgelacht, weil er eben dieses Produkt, dieses Wissen nicht hat. Weil er nicht auf dem neuesten Stand ist. Kulturrevolution andersherum.

Die Fahrt zum Wolkenheimkloster – dem Yunjusi – dauert an diesem Morgen drei Stunden. Es liegt ziemlich einsam in der weiten Ebene rund 80 Kilometer südwestlich vom Stadtzentrum des heutigen Beijing. Auch wenn die Provinzverwaltung versucht, nach den Funden der letzten Jahre Besucher anzulocken. Mit ausländischer

Hilfe ist in diesem Jahr sogar eine Seilbahn zur Donnerklanghöhle hinauf gebaut worden, zumindest bis zur Mitte des Berges oberhalb des Klosters. Lothar Ledderose, Professor der Kunstgeschichte Ostasiens an der Universität Heidelberg, ist trotzdem glücklich. Über Jahre mussten er und seine Mitarbeiter mit der Ausrüstung den ganzen Berg emporklettern. Und der ist steil genug. Wir hatten schon Wochen vorher Träger organisiert, die uns helfen, das Equipment hinaufzuschleppen

Ein schmaler, steiniger Weg windet sich nach oben. Drei Kilometer entfernt, unten im Tal an einem kleinen Fluss, liegt der stattliche Klosterkomplex mit den beiden Pagoden. 60 Hektar umfasst das ummauerte Klosterareal mit seinen zahlreichen Toren, Hallen, Höfen, Steinstelen und der großen Nordpagode. Ledderoses gute Beziehungen zum Kultusministerium hatten bei der Bewilligung der Dreherlaubnis Wunder bewirkt.

25 Auf dem Steinsutrenberg oberhalb des Wolkenheimklosters. Ausgetretene Stufen führen zu den aus dem Fels herausgeschlagenen Kammern. 5000 Inschriftensteine wurden von den Mönchen hier versteckt. Unterhalb des Bergkamms ist rechts das helle Band der unzugänglichen Kulträume zu erkennen.

Auch am Berghang liegen verstreut kleinere Pagoden – die Grabmäler der Äbte. Fast eineinhalb Jahrtausende führten sie das Kloster über die Klippen der Zeitläufte, erlebten die Förderung und Zuwendungen der Kaiserdynastien, aber auch ihre grausamen Verfolgungen, überstanden Revolutionen und Kriege, Kommunismus und Kulturrevolution.

Die weiß und rosa blühenden Bäume weichen kargen Krüppelkiefern. Windzerzaust stehen sie vereinzelt auf den Kuppen des Berges, dem Steinsutrenberg, und erinnern an alte chinesische Tuschzeichnungen. Bereits aus der Ferne kann man unterhalb des Kammes ein waagerechtes weißes Felsband erkennen, zu dem der Pfad hinaufführt. Hinter einem alten Teehaus, bewacht von einem Mönch, wird der Weg immer steiler und gewundener. Schließlich sind Treppenstufen in den Stein gehauen. Verwittert und ausgewaschen, haben sie anderthalb Jahrtausende überdauert. Hier wurden 500 Jahre lang die massiven Steinplatten hinaufgeschleppt.

Dann die erste Höhle, eine künstlich in den gewachsenen Fels gehauene Kammer. Weitere folgen. Sie sind mit schweren Steintüren ohne Schlösser für die Ewigkeit versiegelt. Durch die schmalen Gitter in der oberen Hälfte richten wir den starken Strahl unserer Taschenlampen. Im weißen Lichtkegel erkennen wir große, graue Steinplatten. In einer Inschrift neben der Höhle versichert Jingwan, dass sich in der Felskammer nur Sutrensteine befinden, um zu verhindern, dass jemand sie öffnen könnte, weil er vielleicht Schätze dort vermutet:

In dieser Halle gibt es nur Steine mit dem ganzen Text des Nirvana-Sutra und sonst nichts. Die Absicht dabei ist, dass in einer sehr fernen Zukunft, in einer Zeit, wenn es die Lehre des Buddha nicht mehr gibt, eine Version (des Sutras) erhalten sein und gelesen werden möge.

Der Professor liest uns den Text aus chinesischen Zeichen so flüssig vor, dass ich wissen will, ob sich die chinesische Schriftsprache in den vergangenen fast eineinhalb Jahrtausenden denn nicht verändert habe. Ich denke an unsere »deutsche« (Schrift-)

Sprache und ihre tief greifende Wandlung in 1400 Jahren. Ledderose lächelt und bittet seine chinesische Assistentin, Frau Sueyling Tsai, den Text zu lesen. Es geht. Zwar manchmal etwas stockend, weil der Stein verwittert ist, aber sie liest ohne Schwierigkeiten die eingemeißelten Zeichen. Und wieder einmal stehen wir fassungslos und voller Bewunderung vor der ungebrochenen Tradition einer großen alten Kultur.

Aber auch wenn man die Zeichen lesen kann, ist es manchmal schwierig, den Sinn zu verstehen. Oft hat sich ihre Bedeutung im Laufe der Jahrhunderte geändert. Und die religiösen Texte sind bisweilen absichtlich dunkel und schwer verständlich geschrieben. Dann vor allem ist Ledderose gefragt. Wenn man die Zeichen kaum noch erkennen kann oder die Texte unvollständig sind, muss er durch Vergleich mit parallelen Texten, durch Analyse des Kontextes, vor allem aber auf Grund von Leseerfahrung die Fehlstellen ergänzen.

Durch die Ritzen in der Steintür lassen wir eine starke kleine Lampe und an einer Ausziehstange eine Fingerkamera in die Höhle. Ledderose ist fasziniert von dem, was er draußen auf dem Monitor sieht. Die Steinplatten sind bis zur Decke gestapelt. Die Kamera gleitet nach seinen Anweisungen an den gemeißelten Schriftzeichen entlang. Zum ersten Mal sieht er die eingravierten Texte im Original, die er bisher nur teilweise aus einigen wenigen publizierten Steinabreibungen kannte.

Schließlich erreichen wir das helle Felsband unterhalb des Kammes: Es sind von Menschenhand in den Berg geschlagene Höhlen, an denen der Pfad horizontal entlangführt. Zum Abhang hin ist er durch ein Steingeländer gesichert. Wir sind auf genau 405 Metern Höhe. Von hier kann man weit in die Berglandschaft schauen. Über uns ragt das Felsgestein wie ein Dach. Der Professor erklärt uns die geomantischen Prinzipien, die Jingwan bei der Wahl des Ortes beachtet hat, die Ausrichtung nach den Himmelsrichtungen, die Rolle des gewundenen Bergkammes im Westen, der schüt-

26 (Links) Ein Steingeländer sichert den schmalen Weg vor den Höhlen zum Bergabhang hin.

27 (Rechts) Lothar Ledderose entziffert eine der historischen Stelen vor dem Höhleneingang.

zenden Berge, der beiden Wasserläufe in der Ebene. Und er erzählt, dass aus der Ferne, von Osten her, der Platz wie ein riesiger Thron aussehe, mit zwei Pfeilern an den Seiten. Wie der Thron Buddhas.

Die Träger legen das Gepäck ab, wir alle verschnaufen und halten einen Moment inne. Peter Prestel, der Regisseur, und ich schauen uns an, ja, dies ist ein ganz besonderer Platz. Doch wie fängt man seine Ausstrahlung, die Magie des Ortes, mit der Kamera ein?

Der Professor zeigt auf eine frei stehende Stele, die Jingwans Nachfolger im Jahr 1054 errichteten, und liest so flüssig wie unsereins die Tageszeitung:

In der Provinz Zhou – das ist das heutige Beijing – *gab es einen buddhistischen Mönch namens Jingwan. Er war ein feiner Mann und ein großer Gelehrter. In der Ära kaihuang der Dynastie Sui* – also 605

28 Das Wissen der Welt, eingraviert in Stein zur Bewahrung für die Zeit nach dem Weltuntergang. Ein starker Lichtstrahl und die Fingerkamera erlauben einen Blick auf die gestapelten Steinplatten.

29 Der einzig zugängliche Kultraum: die Donnerklanghöhle – mühsam herausgeschlagen aus dem gewachsenen Fels. Die Wände sind Anfang des 7. Jh. mit den gemeißelten Platten verkleidet worden. Links ein Pfeiler mit Buddha-Figuren.

bis 616 – *tat er ein Gelübde, dass er steinerne Sutren machen wollte, eine ganze Sammlung, und zwar als Vorbereitung für die Vernichtung und die Auflösung der Welt.*

Neun Höhlen reihen sich wie auf einer Perlenschnur hier oben aneinander. Alle sind mit mächtigen Steintüren verschlossen. Nur eine ist zugänglich, die größte und älteste: Leiyindong, die Donnerklanghöhle. Wir öffnen die Metallriegel und stoßen die beiden schweren Flügel der dunkelroten Tür auf. Der Professor und ein Mönch des Wolkenheimklosters treten als Erste ein. Ein breiter Streifen Licht fällt auf den Boden der Felsenhöhle. Hier, in der Mitte dieses Raumes, versenkte Jingwan am 8. Tag des 4. Monats 616 die Reliquien des Buddha und machte den Ort damit zu einem buddhistischen Heiligtum.

DIE SONNE BUDDHAS

Im Halbdunkel erkennen wir die dicht mit Schriftzeichen bedeckten Platten, mit denen die Wände ausgekleidet sind. In der Donnerklanghöhle sind die Steine nicht einfach aufgestapelt wie in den Kammern, sondern übereinander in die Wände eingelassen. Der Beginn eines Projekts, das im Ganzen 30 Millionen Schriftzeichen auf 15 000 Steintafeln umfasst, als es um das Jahr 1180 beendet wird.

Die Texte in Steine zu meißeln, diese den steilen Berg hinaufzuschleppen, die Höhlen aus dem Fels zu schlagen, um die Steinplatten hier zu verbergen, all das verlangte einen enormen Arbeitsaufwand. Ein halbes Jahrtausend lang. Und das zu einer Zeit, als die Lehrtexte schon mit Hilfe der Drucktechnik auf – billig herzustellendem – Papier in großen Auflagen produziert und weit verbreitet wurden. Auflagen von mehreren hunderttausend Exemplaren waren keine Seltenheit. Bereits im Jahr 713 erschien in China die weltweit erste Ausgabe einer Zeitung, der »Staatsanzeiger«, der 1200 Jahre lang bestand. Papier und Druck sind chinesische Erfindungen, die erst Jahrhunderte später nach Europa kamen. (1390 wurde die erste deutsche Papiermühle – vor den Toren Nürnbergs – gegründet. Und

Martin Luthers Flugschriften zum Beispiel konnten gerade dreißig Prozent der Stadtbevölkerung und nur ein Prozent der Landbevölkerung lesen – so viel zur angeblichen kulturellen Überlegenheit des Abendlandes.)

An einigen Orten in China gab es bereits eine regelrechte Druckindustrie und ein städtisches Verlagswesen. Warum also diese unbeschreibliche Mühe? Ledderose: »Jingwans Furcht vor den Naturkatastrophen am Ende der Welt erklärt den ungewöhnlichen Ort, den er für die Aufbewahrung der Texte wählte. Damit die apokalyptischen Orkane den Steinen nichts anhaben könnten, verbarg er sie unter überhängenden Felsdächern im Bergesinneren. So waren sie auch gegen Meteoritenschauer geschützt. Damit die Wasserfluten sie nicht erreichen konnten, legte er die Felskammern hoch oben am Berg an. Damit schließlich die Feuerstürme die Schriften nicht verbrennen konnten, wie man es bei den auf Seide oder Papier geschriebenen Sutrenrollen immer wieder erlebt hatte, meißelte er sie in Stein.«

Dass uns der Heidelberger Professor so genau über die Geschichte des Projekts und die Beweggründe des Mönchs Jingwan Auskunft geben kann, hat einen einfachen Grund: Es sind rund dreißig historische Stelen entdeckt worden, die Ledderose entzifferte. Auf ihnen ist die Entstehungsgeschichte der steinernen Bibliothek eingemeißelt. Dazu gibt es Kommentare und »Graffiti«, sogar von Hofbeamten und kaiserlichen Familienangehörigen. Diese historischen Texte sind das Hauptforschungsgebiet des Kunstgeschichtlers und Buddhologen. Durch sie kann er detailliert die Geschichte des Meißelprojekts, das Leben der Buddhisten in diesen 500 Jahren und die Endzeitvorstellungen der Gläubigen verfolgen. 1986 war Lothar Ledderose auf Einladung der chinesischen Regierung zum ersten Mal hier, denn die chinesische Schriftkunst ist das Spezialgebiet des Professors. Und seitdem lässt ihn das Wolkenheimkloster nicht mehr los: »Diese Stelen sind die authentischsten Quellen für die Geschichte des Klosters und das große Meißelprojekt. Es ist faszinierend, die Stelen zu entziffern. Wir lesen darin von Mönchen und Äbten, von Bauern und Beamten, von Höflingen und Kaisern, wir hören von ihrem Glaubenseifer, ihren Ängsten, wir erfahren, wie die Mönche das Meißeln der Steine finanzierten, wie sie ihre Mäzene fanden – von der einfachen Dorfgemeinschaft bis zum Kaiser –, wie ihr Projekt zum Pfand politischer Auseinandersetzung wurde, und wir lernen, wie sich die Gläubigen auf den Untergang der Welt vorbereiteten.«

Die älteste Inschrift ist der Weihetext von 616 auf dem Reliquienkasten, das früheste bis jetzt bekannte Datum in der Geschichte des Wolkenheimklosters.

1988 wurde das Bruchstück einer Inschrift Jingwans aus dem Jahr 625 entdeckt, in der er die Zeit bis zur Apokalypse berechnet und erklärt, wie gefährdet auf Papier oder Palmblätter geschriebene Texte seien. Gleich neben dem Eingang zur Donnerklanghöhle, rechts oberhalb der Tür, brachte er 628 eine weitere Inschrift an:

Die Sonne des Buddha ist bereits untergegangen, die (finstere) Nacht ist tief fürwahr. Mit Blindheit sind alle Lebewesen geschlagen und infolgedessen ohne Führung.

Um die Wahre (Lehre) zu bewahren, hat Jingwan seine Schüler, seine Freunde und die, die gerne (Almosen geben), angeführt und ist zu diesem Berggipfel gegangen, um das Avatamsaka-Sutra und die anderen Texte in den zwölf Abteilungen in Stein zu meißeln, in der Hoffnung, dass in einem fernen (Weltzeitalter) die Menschheit (gerettet werde) und alle Mönche und Laien (zusammen zur wahren Erleuchtung aufsteigen mögen).

NIRVANA

Als Jingwan die Donnerklanghöhle aus dem gewachsenen Fels schlägt, orientiert er sich an der Architektur der Holzpagoden, die das Grab des Buddha und das Zentrum des Kosmos symbolisieren. Doch im Vergleich zu allen Pagoden und den Hunderten von buddhistischen Kulthöhlen ist hier etwas absolut ungewöhnlich: Es gibt – abgesehen von 1056 kleinen Buddhafiguren auf den vier Steinpfeilern – keine Malerei, keine Plastiken. Dies ist einzigartig. Jingwan ersetzt das figürliche Heilsprogramm durch Texte. Die Auffassung von der Überlegenheit der Schriftkunst über Malerei und Skulptur hat eine lange Tradition in China. Die Fähigkeit, mit dem Pinsel schreiben zu können, war beispielsweise die Voraussetzung zum Aufstieg in der Beamtenhierarchie.

30 Eine der tausend Buddha-Figuren aus der Donnerklanghöhle

Ledderose: »Schon in der vorbuddhistischen Überlieferung war den Chinesen die Schrift das Wichtigste, was sie überhaupt besaßen. In den Schriften steckte ihre Kultur, die Offenbarungen über den Sinn der Welt, den Sinn des einzelnen Menschenlebens, bis hin zu Anweisungen, wie ich mich benehmen soll. Es gibt verschiedene Arten von Vorbereitung auf den Weltuntergang. Luther wollte sein berühmtes Apfelbäumchen pflanzen. In China hat man konkret gearbeitet und die Schriften bewahrt. Es ist typisch chinesisch, dass man die Wahrheit in der Schrift fasst. In Europa, in unserer christlichen Tradition, geht ja das Wort vor: ›Am Anfang war das Wort.‹ Bei den Chinesen genießt nicht das gesprochene Wort diese hohe Wertschätzung, sondern das geschriebene Schriftzeichen. Deshalb lagen Jingwan diese Schriften am meisten am Herzen. Sie sollten unvergänglich sein. Sie wollte er bewahren.«

Wenn Jingwan mit den Texten Wissen und Wahrheit für die Zeit nach dem Weltuntergang retten wollte, welche erschienen ihm als die wesentlichsten, welche mussten vordringlich in Stein gemeißelt werden?

Die Sutren nehmen vor den Geboten den größten Platz ein. Es sind die Leitfäden aus den Lehrreden des Buddha, des »Erleuchteten« (so die wörtliche Übersetzung) und seiner Anhänger. Kein philosophisches System, sondern verständliche Hinweise für den praktischen Erlösungsweg aus dem Leid des Lebens, den jeder Mensch gehen kann. Jeder kann sich selbst vom Leiden befreien, wenn er, so die buddhistische Lehre, die Vier Edlen Wahrheiten beachtet: die Wahrheit vom Leiden, von der Entstehung des Leidens, von der Aufhebung des Leidens und vom Weg, der zur Leidensaufhebung führt. Leiden entsteht also durch Gier, dadurch wird der Mensch in den Kreislauf des Daseins eingespannt. Dieser Kreislauf kann durch sittlich richtiges Verhalten unterbrochen und in den Zustand der Ruhe überführt werden. Unwissenheit, die Unkenntnis dieser Vier Wahrheiten, lässt immer neues Leiden entstehen. Durch Übungen, religiöse Praxis und Arbeiten an sich selbst kann der Mensch auf dem Weg zur Erkenntnis voranschreiten. Dieser Weg ist für jeden Menschen verschieden.

Lehrtexte, die Sutren, vermitteln die höchste Wahrheit, die angestrebt wird: das Nichts, das Nirvana.

Ledderose gibt zu: »Das ist eine Lehre des Buddhismus, die sicher schwer zu akzeptieren ist. Denn die Welt strebt hier hin auf ihre Auflösung: Nirvana ist der Zustand jenseits aller Gegensätze. Doch Achtung, das ›Nichts‹ ist keineswegs etwas Negatives, sondern die Vollendung alles Seienden. Da gibt es kein Leiden mehr.«

DIE MITTE DER WELT

Leiden überwinden: Das Wissen um den Weg zu diesem Ziel wollte Jingwan bewahren. Der längste Text in der Donnerklanghöhle ist das Lotos-Sutra. Jingwans Vorläufer Huisi, der große Verkünder der Apokalypse, fand Trost im Lotos-Sutra, das Rettung und Schutz in der Periode der letzten 500 Jahre allen verheißt, die es besitzen.

Jingwan meißelte es als Erstes. Nach der Überlieferung ist es die letzte Predigt des historischen Buddha, sozusagen sein Testament. Es verspricht dem einzelnen Menschen Erlösung, wenn er nur die Gebote befolgt. Schon durch das Lesen oder Aufbewahren des Lotos-Sutra werden grenzenlose Verdienste erworben. Wichtig ist, dass seine Lehre korrekt gelesen werde. Vielleicht nicht der einzige Grund für Jingwan, mit diesem Text zu beginnen: Sein großer Förderer Xiao Yu, der Bruder der Kaiserin, war ein begeisterter Verehrer des Lotos-Sutra mit seiner schönen Sprache und den einprägsamen Parabeln und schrieb einen Kommentar dazu.

Ein anderer Text, den der Mönch vollständig auf die Wand meißelt, ist das Sutra der Königin Srimala. Eine emanzipierte Heldin, die ihren Mann und alle Bewohner der Stadt zum Buddhismus bekehrt. Jingwans mächtigste Mäzenin, die Kaiserin, wird nichts dagegen gehabt haben.

An der Rückwand der Höhle ließ Jingwan Gebote einmeißeln, für Mönche und für Laien. Der andachtsvolle Besucher sieht sie gleich beim Betreten im Hintergrund. Sie geben Anweisungen für sein moralisches Verhalten, regeln aber auch im Detail seinen Tagesablauf. Mit diesen Beichttexten und einer Vielzahl von Buddha-Namen – in der Donnerklanghöhle ist wahrscheinlich die größte Menge von Buddha-Namen aufgelistet, die überhaupt je in China zusammengestellt wurde – war die Höhle gedacht als Mitte des Kosmos, als Zentrum der Wahrheit nach dem Weltuntergang. Ledderose: »Die Kraft aller Buddhas vergangener und zukünftiger Weltzeitalter ist in diesem Raum wie in einem kosmischen Knotenpunkt gesammelt.« Sein Fazit: »Die eingemeißelten Texte enthalten die Quintessenz der buddhistischen Lehre, die ewigen Wahrheiten, die über die Apokalypse hinübergerettet werden müssen, die Gebote, die das Leben der Gläubigen in der noch verbleibenden Endzeit regeln, den Weg der Rettung.«

Bei seiner Entzifferung der historischen Stelen traf Ledderose auch auf Jingwans letzte Inschrift. 634 meißelte der Mönch in Stein:

Jingwan tut respektvoll kund: In einem zukünftigen Zeitalter werden alle Mönche und Laien und das Banner der Lehre untergehen. Die Sechs Existenzbereiche werden sich verfinstern, die Menschen werden kein Auge der Weisheit mehr haben, um aus dieser schlimmen Zeit herauszufinden. Wann immer ich an diese Dinge denke, blutet mir das Herz vor Mitleid und Trauer.

Dann äußert er den Wunsch, dass Sutren und Gebote auf ewig erhalten bleiben und in den apokalyptischen Feuersbrünsten nicht zerstört werden, *sodass in tausend Jahren die Lampe der Weisheit weiter scheine und nach zehntausend Generationen die Fackel der Lehre noch ewig leuchte.*

639 starb der Mönch Jingwan. Er selbst konnte sein Gelübde, die ewigen Wahrheiten in Stein zu meißeln, nicht erfüllen. Es hätte die Kräfte eines jeden Menschen überstiegen. Doch seine Idee überlebte seinen Tod. Das beispiellose Meißelprojekt ging weiter. Die steinerne Bibliothek wuchs.

PRINZESSIN GOLDFEE

Etwas oberhalb der Donnerklanghöhle entdecken wir eine kleine Pagode. Eine steile Kletterpartie belohnt uns mit einem herrlichen Weitblick. Lothar Ledderose schiebt sich seine Lesebrille zurecht und beginnt, den in den Sockel eingemeißelten Text zu entziffern. Die Tochter des Kaisers Ruizong, Prinzessin Goldfee, stiftet 740 dem Kloster Yunjusi den um 730 fertig gestellten neuen buddhistischen Kanon, die authentische Sammlung der Schriften auf 4000–5000 Rollen, die damit sozusagen das Gütesiegel des Kaiserhauses trägt. Natürlich mussten nun die Mönche regelmäßig für die Stifter – die Prinzessin und das Kaiserhaus – beten. Darüber hinaus macht Goldfee eine Landschenkung. Das Gebiet ist sehr umfangreich und in seinen Grenzen genau bestimmt. Von drei prominenten Äbten, unter ihnen der Überbringer der Bücher, ist die Landstiftung signiert. Damit ist der eingemeißelte Text eine öffentliche Rechtsurkunde, die von jedermann eingesehen werden kann.

31 *Diskussion an der Pagode der Prinzessin Goldfee. Lothar Ledderose und Gisela Graichen: Warum unterstützten insbesondere die weiblichen Mitglieder des Kaiserhauses den Buddhismus so großzügig?*

Prinzessin Goldfee war die Enkeltochter der berühmt-berüchtigten Kaiserin Wu, der einzigen Frau, die auf dem chinesischen Kaiserthron saß und sogar eine eigene Dynastie begründete. Eine harte Politikerin und grausame Herrscherin, die jeden umbringen ließ, der ihr im Weg stand. Von der man sagt, dass die Foltermethoden im chinesischen Reich nie so ausgeklügelt waren wie unter ihrer Regierung. Prinzessin Goldfee war – wie die Kaiserin selbst – eine eifrige Verehrerin des Buddhismus und eine große Förderin, obwohl sie selbst Äbtissin eines daoistischen Klosters war. (Der Daoismus hielt im Übrigen im Unterschied zum Buddhismus sein Wissen und seine Lehren geheim.)

Kirche und Staat unterstützten sich gegenseitig. Das Kaiserhaus machte sich den Buddhismus zunutze, der das Volk durch die ganze soziale Pyramide hindurch als Bindeglied vereinte und insofern zwischen den verschiedenen Landesteilen und Menschengruppen stabilisierend wirkte. Deshalb kontrollierte die Regierung, wer Mönch wurde. Der Buddhismus brachte ihr auch ganz handfeste Vorteile. Die Mönche rodeten und bebauten das Land – nicht zufällig besteht Goldfees Landschenkung aus Wald und Brachland – und dienten so dem Staat als Kolonisatoren.

Ledderose fotografiert die eingemeißelte Inschrift und spricht zusätzlich den Text in sein kleines Diktiergerät. Es dämmert. Plötzlich ist Wind aufgekommen, es ist eisig kalt. Wir müssen uns beeilen, um in dem noch verbleibenden Licht den Berg hinunter-

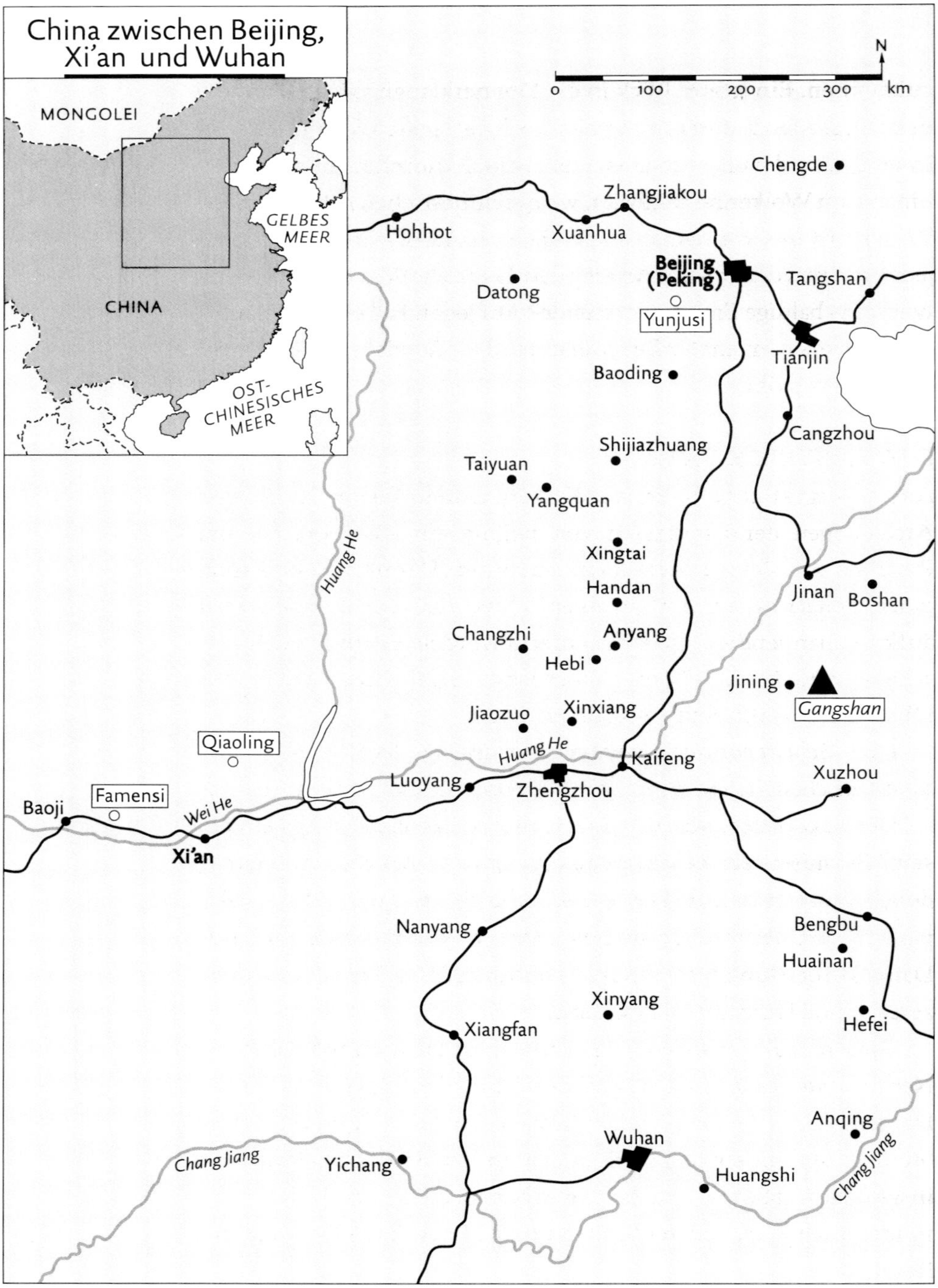
China zwischen Beijing,
Xi'an und Wuhan
MONGOLEI
CHINA
GELBES MEER
OST-CHINESISCHES MEER
N
0 100 200 300 km
Chengde
Zhangjiakou
Hohhot
Xuanhua
Beijing (Peking)
Tangshan
Datong
Yunjusi
Tianjin
Baoding
Cangzhou
Shijiazhuang
Taiyuan
Yangquan
Xingtai
Huang He
Handan
Jinan
Boshan
Changzhi
Anyang
Hebi
Jining
Gangshan
Jiaozuo
Xinxiang
Qiaoling
Huang He
Kaifeng
Luoyang
Zhengzhou
Xuzhou
Famensi
Baoji
Wei He
Xi'an
Nanyang
Bengbu
Huainan
Xinyang
Hefei
Xiangfan
Anqing
Wuhan
Chang Jiang
Yichang
Huangshi
Chang Jiang

zukommen. Ein letzter Blick in die Donnerklanghöhle und auf die verschlossenen Kammern mit den hochgestapelten Steinplatten im Innern, dann die ausgetretenen Steine hinab, die schon Jingwan ging, hinab zum Wolkenheimkloster, wo die chinesischen Fahrer mit den Wagen auf uns warten. Wir sprechen nur kurz miteinander, aber jeder von uns denkt beim Abstieg darüber nach: Was würde ich tun, wenn das baldige Ende bevorstünde? Auf jeden Fall eher ein Bäumchen pflanzen, meint Steffen, der unter dem Gewicht seiner schweren Kamera stöhnt.

DIE ENTDECKUNG

Am 1. August 1957 trifft im Wolkenheimkloster ein Team von Archäologen der Universität von Beijing ein. Die Forscher um Professor Yan Wenru wissen, was sie suchen. Denn kurz zuvor ist in einem benachbarten Dorf, in einer Volksschule, ein Stein mit einer äußerst spannenden Inschrift entdeckt worden. Er enthält den entscheidenden Satz zur Lösung eines lange ungeklärten Rätsels, den Hinweis zur Auffindung des Steinschatzes:

Einen Schritt von der Pagode entfernt liegen unter der Erde in einer unterirdischen Krypta gemeißelte Sutrensteine, und zwar 4500 Stück.

Der Text datiert von 1117. Doch welche Pagode konnte gemeint sein? Es musste ein Zusammenhang mit dem Wolkenheimkloster, dem Yunjusi bestehen. Die Wissenschaftler tippten auf die Südpagode, von der sie wussten, dass sie 1117 schon gestanden hatte. Damals in den fünfziger Jahren war sie nur noch ein Trümmerhaufen, zerstört von japanischen Bombern.

Die Archäologen setzen genau dort einen Suchschnitt. Schon am Nachmittag des 7. August stoßen sie mit dem Spaten auf etwas Hartes. Stein. Vorsichtig graben sie weiter und legen die ersten Steinplatten mit eingemeißelten Texten frei. Statt 4500 finden sie insgesamt 10 082 Platten, die eng nebeneinander gestapelt in einer 19 Meter langen, 10 Meter breiten und 5 Meter tiefen Doppelgrube liegen.

32 *Genau hier stand einst die von japanischen Bomben zerstörte Südpagode. Über zehntausend Inschriftensteine wurden freigelegt.*

Nach der Errichtung der Stele von 1117 sind also noch einmal über 5000 Steine gemeißelt und vergraben worden.

Zwischen die Platten haben die Menschen vor tausend Jahren feine Lößerde gefüllt, sodass die Oberflächen nicht aneinander reiben konnten. Dadurch sind die Konturen der Schriftzeichen klar und sauber erhalten.

Durch die Entdeckung weiterer historischer Stelen, deren Texte Ledderose übersetzte, kann er uns detailliert die unglaubliche Geschichte erzählen, wie es mit dem Meißelprojekt nach Jingwans Tod weiterging, wie in kürzester Zeit Tausende von Steinen bearbeitet wurden, warum die Massenproduktion angesichts der Katastrophe glückte und wie chinesisches Fund-Raising vor einem Jahrtausend funktionierte.

GROSSMEISTER TONGLI

Aus einer Inschrift geht hervor, dass 4080 der Steine in der unfassbar kurzen Zeit von weniger als zwei Jahren – in 1093/94 – gemeißelt wurden.

Jingwans Schüler und Nachfolger hatten bis zum Jahr 1092 rund 5000 Platten angefertigt, die sie oben auf dem Berg in Höhlen ver-

33 Ausgräberglück: die steinerne Bibliothek vom Yunjusi. Die Schriftzeichen sind noch nach tausend Jahren klar erhalten. Vor dem Vergraben hatten die Mönche als Schutzpolster zwischen die Platten feine Lösserde gefüllt.

bargen. Stein ist das haltbarste – und billigste – Material, das Menschen kennen. Bei den Inschriftensteinen bestand daher nicht die Gefahr, dass sie wie bronzene oder goldene Kultbilder zu Münzen eingeschmolzen werden. Die Arbeit des Einmeißelns war jedoch unvorstellbar mühsam und ein Ende nicht abzusehen. 5000 Steine in rund 500 Jahren. Zehn Millionen Zeichen bisher, eng eingeschlagen auf schwere Platten, die drei Kilometer hoch auf dem steilen Pfad den Berg hinaufgeschleppt und in den Höhlen versteckt worden waren.

Doch dann kam Großmeister Tongli. Offenbar auch ein Meister im Fund-Raising. Das Projekt, an dessen Sinn offenbar über Jahrhunderte keiner gezweifelt hatte, erhielt eine neue Dynamik und eine neue Dimension. Die Bewahrung des Wissens für die Zeit nach dem Weltuntergang schien plötzlich dringender denn je.

Die Chinesen, gewohnt an ungeheure Leistungen und Massenproduktionen (man denke an die Terrakotta-Armee des ersten Gottkaisers von Qin, den Kaiserkanal oder an die Große Mauer) erstellten ein uns fantastisch anmutendes Arbeitsprogramm. Tongli begann mit der Massenfabrikation von Sutrensteinen.

SEGEN GEGEN KUPFERSCHNÜRE

Tongli traf am 1. Januar 1093 im Wolkenheimkloster ein. Eine Inschrift von 1118 sagt über ihn:

Dann aber gab es den verstorbenen Hochwürden, Großmeister Tongli. Er ragte über die Mönchsgemeinde hinaus, sein Ruhm wie auch seine Taten waren groß. Im Luftzug einer einzigen lehrenden Bewegung seines Fächers neigte sich das Gras in allen acht Richtungen.

Wie wir weiter erfahren, seufzte er angesichts der unvollständigen Ausführung des Meißelprojekts und eröffnete eine Weihetribüne im Kloster. Die Gläubigen konnten dort gegen Gebühren religiöse Weihen erhalten. Das Geschäft lief so gut, dass er damit die Massenherstellung finanzieren konnte:

Beamte und einfache Leute, Geistliche und Laien strömten zum Kloster, um die Gelübde abzulegen. Niemand kennt ihre Zahl. Als der Frühling zu Ende war, hatte der Meister mehr als zehntausend Schnüre mit Kupfermünzen als Stiftungen eingenommen. Die übergab er seinem Schüler, dem jetzigen Superintendenten im Rechten Verwaltungsbezirk Großmeister Tonghui Yuanzhao, für die textkritische Editionsarbeit und das Meißeln in Stein.

Bis Ende 1094 waren 4080 neue Steine gemeißelt worden, eben die in der historischen Inschrift erwähnten. In weniger als zwei Jahren wurden damit in Yunjusi fast so viele Platten wie vorher in einem halben Jahrtausend hergestellt. Wie war das möglich? Wie schaffte Großmeister Tongli das in dieser unglaublichen Geschwindigkeit?

MONUMENTALITÄT ANGESICHTS DER APOKALYPSE

Die Entdeckung der Steine in der Grube vor der Südpagode des Wolkenheimklosters beweist wieder einmal das beispiellose Organisationstalent der Chinesen bei gewaltigen Serienproduktionen. Voraussetzung für den massenhaften Einsatz von Handwerkern ist die logistische und technische Aufteilung von Arbeitsprozessen. Bewundernd entschlüsseln wir die Arbeitsteilung und Serienfertigung vor tausend Jahren: Im Vergleich zu den bis 1092 gemeißelten Platten sind die 4080 unter Großmeister Tongli produzierten kleiner, dadurch leichter, und sie haben eine genormte Größe. Ein Stein kann jetzt von zwei Arbeitern getragen werden. Tongli nutzt den Platz vollständig aus, indem er Vorder- und Rückseite beschreiben lässt. Er vereinheitlicht auch die Maße des Schriftspiegels, 71 cm auf 49 cm. Die 28 Längszeilen des Textes haben jeweils 17 Zeichen. Er führt ein präzises System der Katalogisierung und Nummerierung der Kapitel ein. In der ersten Zeile auf der Vorderseite stehen Titel und Kapitelzahl. Am Ende des Textes auf der Rückseite werden die genaue Anzahl der Zeichen angegeben und wie viele Papierbahnen übertragen wurden. Schließlich folgt der Name des Meisters, der den Text einmeißelte.

Ledderose: »Besonders interessant ist die Mitteilung, wie viele Papierbahnen jeweils benutzt wurden. Denn dies passt zu einer bislang noch nicht übersetzten Inschrift einer historischen Stele:

Die Steine sahen aus wie Druckstöcke. Vorder- und Rückseite wurden beide benutzt, sodass jeweils zwei Papierbahnen des Sutrentextes eingemeißelt wurden. Wenn die Steine wie Druckstöcke aussahen, heißt das wohl, dass die von Tongli benutzten Papierbahnen mit hölzernen Druckstöcken gedruckt waren.«

Der Professor geht davon aus, dass Großmeister Tongli ein Exemplar des berühmten, 1069 abgeschlossenen Qidan-Kanons zur Verfügung stand, eine der ganz großen Leistungen in der Geschichte der Druckkunst in Ostasien. Editions- und Drucktechnik ent-

34 *Die Steinplatten wurden nach ihrer Entdeckung katalogisiert und sind unterirdisch hinter dickem Panzerglas sicher verwahrt. Mönch Jingwan würde zufrieden sein.*

sprachen höchstem Standard. 1072 wurde dem König von Korea ein Exemplar geschickt.

Das genormte Layout rationalisierte die Arbeit ungemein. Man wusste dadurch schon im Voraus genau, welcher Stein mit welchem Schriftzeichen beginnen und enden würde. Durch die Standardisierung des Layouts wurde es möglich, viele Gruppen von professionellen Kalligrafen und Steinmetzen gleichzeitig einzusetzen.

Das Phänomen der Massenherstellung reizt den Kunsthistoriker Ledderose besonders. Mit Förderung der Deutschen Forschungsgemeinschaft hat er die Massenproduktion von chinesischem Porzellan untersucht. Im 17. Jahrhundert beherrschten die Chinesen den Weltmarkt auf diesem Gebiet. Über 100 Millionen Stück wurden allein im 17. und 18. Jahrhundert nach Europa transportiert.

»Wie in anderen Fällen von Massenherstellung im Laufe der chinesischen Kunstgeschichte beruhte auch die erfolgreiche Produktion der Sutrensteine im Yunjusi in den Jahren 1093/94 zum einen auf der Fähigkeit, Arbeit in einzelne, standardisierte und zeitlich parallel zueinander durchführbare Arbeitsmodule zu zerlegen, und zum anderen auf dem Vermögen, die Arbeit einer großen Zahl von Arbeitskräften zu koordinieren und zu kontrollieren. Dem angesehenen Großmeister gelang beides.«

Die im Wolkenheimkloster entdeckten Platten stellen die größte in Ostasien gefundene Menge an Inschriftensteinen dar. Sie wur-

35 *Vor dem erneuten Versenken wurden von jeder der Inschriften sieben Abklatsche auf Papier angefertigt.*

den alle geborgen, katalogisiert und mit einer Nummer versehen. Zu ihrer »ewigen« Aufbewahrung wurde ein unterirdischer Speicher gebaut. Dort liegen sie präzise geordnet, wie in einer Bibliothek eben. Nur dass niemand in diese Bibliothek hineindarf. Sie liegen geschützt und verschlossen, wie Jingwan es wollte, unter der Erde.

Doch vorher wurden von jedem Stein sieben Abreibungen hergestellt, sodass wir alle Texte kennen. Die Abreibungen auf Papier können verbrennen, die Steine aber werden auch weitere Katastrophen überstehen, insofern hat Jingwan doch sein Gelübde erfüllt. Denn wer will sagen, dass der Menschheit keine Katastrophen – Kriege, Erdbeben, Orkane, Feuersbrünste, Meteoriten – bevorstünden? Bis jetzt hat die Historie dem Mönch Recht gegeben: Die steinerne Bibliothek überstand die Zeitläufe und die Wechselfälle der Geschichte von den radikalen Buddhistenverfolgungen im 9. Jahrhundert bis zur kommunistischen Kulturrevolution des 20. Jahrhunderts.

BARBAREN AUS DEM NORDEN

Welche Katastrophe sah Großmeister Tongli heraufziehen, dass er die Arbeit mit dieser Besessenheit vorantrieb? War er von den grauenhaften Buddhistenverfolgungen der vergangenen Jahrhunderte aufgerüttelt? Sah er den Untergang der Kaiserdynastie voraus? Viele hunderttausend Gläubige waren wie er von der nun unmittelbar bevorstehenden Apokalypse überzeugt. In einer Zeit, in der auch das Abendland tief in Weltuntergangsängsten verstrickt war.

Als Tongli zur Jahreswende 1092/93 zum Kloster Yunjusi kam, bedrohte im Nordosten des Reichs schon das gefährliche Nomadenvolk der Ruzhen die Grenze. 1115 hatte es dann den Ostteil des Reichs erobert und eine eigene Dynastie Jin ausgerufen. Die Armee des Kaisers der Liao-Dynastie wurde geschlagen. Die Situation in der Gegend von Beijing war verzweifelt: *Die Leute schälten Rinde von den Ulmen und aßen sie. Dann fraßen die Menschen sich sogar gegenseitig.*

Die Mönche im Wolkenheimkloster erwarteten das Schlimmste. Tonglis Steine waren ja nicht, wie in den 500 Jahren davor, in Felskammern unter dem Berggipfel verborgen worden, sondern lagerten im Klosterareal. Wegen ihrer großen Zahl war ein Transport auf den Berg so schnell auch nicht möglich. Seine Schüler beschlossen, die Platten einfach in der Erde zu vergraben, um sie vor den Eroberern zu schützen. Aus diesem Anlass errichteten sie 1118 die Stele mit den Texten, die Ledderose entzifferte. Und sie hatten tatsächlich nicht mehr viel Zeit: In einem Großangriff eroberten die Ruzhen Beijing, ein Jahr später nahmen sie den Kaiser gefangen. Das chinesische Reich der Liao war untergegangen.

Doch es war nicht nur die Angst vor den Barbaren aus dem Norden, die Tongli und seine Schüler umtrieb. Krieg, Terror, Verheerungen, Hungersnöte wurden – wie zu Jingwans Zeit – als Vorboten der Apokalypse angesehen. Es galt, in Erinnerung an Jingwans ursprüngliche Absicht, die Texte für die Zeit nach dem Weltuntergang zu retten. Neue Berechnungen hatten den Tag X der Katastrophe um 500 Jahre verschoben, sodass jetzt die Furcht vor einem Weltuntergang, der sich in den grauenhaften Kriegen bereits ankündigte, berechtigter schien denn je. Sicher auch ein Grund, mit dem Tongli die Hunderttausende von Gläubigen motiviert hatte. Bedrückt schreiben die Mönche 1118, als sie die Steine vergraben hatten: *Noch weiß man nicht, ob in einer zukünftigen Generation wieder einmal jemand weitermachen wird.*

Die Panik der Mönche, ihre Angst vor Barbaren und Weltuntergang waren unbegründet. Die Ruzhen ließen im Gegenteil in den nächsten Jahrzehnten noch einmal 5000 Steine meißeln und versenkten sie neben den Platten des Großmeisters Tongli in die Erde.

EIN MUTIGER ABT

Das Meißeln der steinernen Bibliothek im Yunjusi wurde ganz unspektakulär durch einen Mönch namens Yijian beendet. 1180 hatte die Vollversammlung des Wolkenheimklosters ihn einstimmig zu ihrem Abt gewählt. Er war ein Anhänger des Chan-Buddhismus – japanisch Zen-Buddhismus –, nach dessen Lehre das geschriebene Wort die Wahrheit nicht fassen kann, den Weg zu ihr sogar verstellt. Für ihn war Gutes tun – und zwar jetzt – wichtiger als Meißeln für die Ewigkeit. Er errichtete Wohnungen, Schulen und Küchen für die Armen. Er organisierte eine Laienbruderschaft von mehreren tausend Mitgliedern, die für soziale Zwecke spendeten. Sein Zeitgenosse, der Maler Liang Kai hätte auch ihn meinen können, als er das berühmte Tuschbild eines Chan-Patriarchen malte, der Papierrollen mit Sutren zerreißt.

Am 27. Tag des 3. Monats 1200 verabschiedete Yijian sich angesichts seines herannahenden Todes von seinen Schülern mit einem Gedicht. Die Verse sind in seiner Grabinschrift erhalten:

36 Ein Chan-Patriarch zerreißt Papierrollen mit Sutren. Die Tuschzeichnung wird dem Maler Liang Gai (um 1204) zugeschrieben.

Da ich mich auf den Weg mache, hinterlasse ich euch Folgendes: Was kann man mit Worten denn sagen?

Das Warten auf den Weltuntergang, das ein halbes Jahrtausend lang die Mönche des Wolkenheimklosters und Hunderttausende von Gläubigen einschließlich des Kaiserhauses beschäftigt, berauscht, besessen hatte, war zu Ende.

KLÜGER ALS ALEXANDRIA

Luthers Apfelbäumchen, hätte er es denn gepflanzt, wäre wohl spätestens, wenn es nicht vorher an Altersschwäche eingegangen wäre, im Dreißigjährigen Krieg abgeholzt worden. Die diversen Weltuntergangsszenarien der verschiedenen Kulturen haben die unterschiedlichsten Endzeitvorstellungen, Verhaltensweisen und Vorbereitungen angesichts des Tages X entfacht. Ängste, Befürchtungen, Schrecken, Panik haben wahrscheinlich zu den fantastischsten Auswüchsen geführt. In den seltensten Fällen haben wir Kenntnis davon. Zeugnisse, Dokumente haben sich erst recht kaum erhalten. Auch in dieser Hinsicht ist das chinesische Apokalypse-Projekt einzigartig auf der Welt. Es ist vorausschauend, konkret, durchdacht. Jeder kann nur für sich selbst entscheiden, was ihm das Wichtigste auf der Welt ist, was er bewahren will angesichts eines Weltuntergangs. Für die Chinesen waren es die Schriften und die in ihnen überlieferten Wahrheiten.

Je detaillierter Lothar Ledderose die Geschichte der steinernen Bibliothek vom Yunjusi erforscht, desto größer wird seine Begeisterung: »Eine ganz fantastische Sache. Und hier im Westen weiß das noch niemand. Die steinerne Bibliothek ist eines der ganz

großen Projekte, die die Chinesen gemacht haben. Dieses Konzept hat Dimensionen, die es sonst auf der Welt kaum gibt. 500 Jahre lang eine Bibliothek in Stein hauen. Das kann man messen mit den europäischen Kathedralen, an denen ja ebenfalls Jahrhunderte gearbeitet wurde. Auch der Umfang der Bibliothek hat ein enormes Ausmaß: 15 000 Platten, 30 Millionen Zeichen. Das ist schon eine große Bibliothek. Und dann das Ungewöhnliche und Einmalige, dass sie in Stein gemeißelt ist. Das ist einzigartig in der Menschheitsgeschichte.«

37 Für jeden Interessierten einsehbar lagert das Vermächtnis der buddhistischen Mönche auf Papierrollen übertragen in einem Kloster in Peking: 30 Millionen Schriftzeichen.

Ledderose, der soeben als Kunsthistoriker Ostasiens einen Ruf nach Princeton bekommen hat, scheut sich nicht, die Bibliotheken von Yunjusi und Alexandria miteinander zu vergleichen. Wir sitzen im Taxi auf dem Weg zum Flughafen. Der Fahrer kämpft sich mit ununterbrochenem Hupen durch den Beijinger Verkehr. Sein Sitz ist durch starke Gitter von uns getrennt: Folge der Überfälle und

Ermordungen von chinesischen Taxifahrern. Draußen glitzernde Department Stores, schillernde Elektroniksupermärkte – fast jeder scheint ein Handy zu besitzen – und elegante Kosmetikläden. Doch dann, südlich der Verbotenen Stadt, auf dem Platz am Tor des Himmlischen Friedens, sehen wir sie wieder, die Menschen jeglichen Alters, die direkt neben dem brausenden, lärmenden Verkehr diese seltsamen Zeitlupenbewegungen machen: Taiji, die chinesische Bewegungsmeditation. Wir stehen mal wieder im Stau, ich unterdrücke den nervösen Blick auf die Uhr, wie viel Zeit uns noch bis zum Abflug nach Xi'an bleibt, der alten Kaiserhauptstadt. Alle zwölf Millionen Einwohner Beijings scheinen heute wieder auf den Straßen zu sein.

Nachdenklich beobachtet der Heidelberger Professor die meditativen Bewegungen, die Seelenfrieden und Ruhe für den Kopf und das Herz bringen sollen. Übungen, die seit Jahrtausenden überliefert sind. »Sie waren schon damals klug, die Chinesen«, meint er, »wie sehr, können wir erst heute im Nachhinein feststellen.«

Und ich denke, gesund sollen sie sein, diese langsamen, konzentrierten Bewegungen, die Körperbeherrschung verraten. Aber ob es tatsächlich so klug ist, sie angesichts des Beijinger Dauersmogs auszuführen?

»Etwas, das uns auf den ersten Blick völlig abstrus erscheint, war das Klügste, was sie machen konnten«, fährt Ledderose unbeirrt fort. »Wir im Westen haben ja auch Bibliotheken gehabt, große Bibliotheken, die das Wissen der Welt zum jeweiligen Zeitpunkt für eine Nachwelt bewahren sollten. Der Gedanke ist uns im Abendland ja nicht fremd, der Grundgedanke, das, was wir erreicht haben, was wir wissen, was wir kennen, für die Nachwelt zu erhalten und es für sie nutzbar zu machen. Aber da ist ein großer Unterschied, wir haben immer auf vergänglichem Material geschrieben, auf Pergament oder Papier. Denken Sie an die berühmte Bibliothek von Alexandria, in der das Wissen der antiken Welt zusammengefasst war. Es gibt ja kein einziges Buch mehr davon. Verbrannt! Vergangen! Das hellenistische Wissen ist uns nur in Fragmenten erhalten: in Zitaten, arabischen Abschriften. Auch das meiste, das im Mittelalter bei uns in den Klöstern entstand, ist physisch nicht mehr vorhanden. Insofern sind die Chinesen erfolgreicher. Die buddhistischen Schriften sind alle noch da, weil sie den Stein gewählt haben und ihn bewusst gewählt haben.«

Und wäre die im Dreißigjährigen Krieg geraubte Bibliotheca Palatina, die größte Sammlung reformatorischer Werke, die außerdem zahlreiche wunderbare mittelalterliche Handschriften enthielt, in Stein gemeißelt gewesen, stünde sie höchstwahrscheinlich noch an ihrem alten Platz in Heidelberg statt größtenteils im Vatikan, denke ich. Die Steine wären dem katholischen Heer und seinem Feldherrn Tilly als Beutekunst für den Papst wohl doch zu schwer gewesen. Auf Bibliotheken, auf bedeutsame Kulturgüter hatten es die Eroberer immer schon abgesehen: vom Raub der berühmten Büchersammlung des letzten makedonischen Königs Perseus durch die Römer (sie geriet in den Besitz von Scipio dem Jüngeren, Eroberer von Karthago) bis zur gezielten Zerstörung von Kulturdenkmälern im ehemaligen Jugoslawien.

Den Besiegten ihr Wissen zu nehmen, ihre Kunst, ihre Geschichte, ihre Wurzeln und damit auch ihre Identität – das ist der größte und nachhaltigste Triumph des Siegers. Die chinesischen Buddhisten haben ihn zu verhindern gewusst, über eineinhalb Jahrtausende.

Als Jingwan begann, die Steine zu vergraben, war Xi'an wenige Jahre zuvor, nämlich 589, wieder die Hauptstadt Chinas geworden. Hier werden wir die Antwort finden auf die Frage nach dem Kosmos eines Landes, das sich als Reich der Mitte sah und dementsprechend in gewaltigen Maßstäben dachte und handelte.

Ledderose: »Es bleibt noch viel zu tun, um Ostasien zu verstehen. Ein Projekt wie die Bibliothek vom Yunjusi bietet die Möglichkeit, seiner Geisteswelt näher zu kommen, weil es eine typische, gigantische Leistung seiner Kultur ist.«

DER GOLDSCHATZ IN DER KRYPTA

Am 5. Mai 1987, dem 2553. Geburtstag Buddhas, um 1.15 Uhr morgens öffnet der Abt des Klosters Famensi die acht ineinander geschachtelten Kästchen. Im letzten, goldenen Behältnis in der Form einer Miniatur-Pagode findet er den wichtigsten der rund zweieinhalbtausend Funde, aus denen der Schatz des kurz zuvor entdeckten »unterirdischen Palastes« besteht: ein kleines Stück in Form eines Fingerknochens. Denn das ist wertvoller als alles Gold. Ein Fingerknochen Buddhas, wie die Gründungslegende des Klosters berichtet, der dem Tempel durch den indischen König Ashoka bereits im 3. Jahrhundert v. Chr. gestiftet worden sein soll.

Als im Jahr 601 der chinesische Kaiser Wen an verschiedenen Stellen des Reichs Buddha-Reliquien verteilen ließ, wurde neben dem entlegenen Kloster Zhiquansi bei Beijing, in dem ein Mönch namens Jingwan lebte, auch Famensi in Zentralchina bedacht, der Tempel des Tores der Lehre. Die – insgesamt angeblich vier – Knochen wurden im Fundament einer hölzernen Pagode aufbewahrt, in ihrer Mitte, unter der gedachten Weltachse. Den heiligen Reliquien wird eine schützende Kraft zugesprochen – eine hervorragende Einnahmequelle für Klöster, damals wie heute.

Fast alle Kaiser besuchten den Tempel, um für ihr Land und sich selbst Wohlergehen zu erflehen. Seine Blütezeit erlebte Famensi in der Tang-Dynastie. Alle dreißig Jahre wurden die Reliquien Buddhas in einer pompösen Prozession in den kaiserlichen Palast im 120 Kilometer entfernten Xi'an gebracht, Objekte höchster religiöser Verehrung, was nicht zuletzt die Spendenbereitschaft förderte. 660 fand zum ersten Mal dieser feierliche (Propaganda-)Umzug in die Metropole des riesigen Reiches statt.

Die Anlage des Klosters war mit ihren 24 Höfen und Tempelhallen, die durch Galerien miteinander verbunden waren, groß und prächtig wie ein Palast. Überragt wurde sie von der Pagode, deren Krypta, der »unterirdische Palast«, die Fingerknochen barg. Famensi wurde zum Staatstempel erhoben. Doch mit dem Ende des Goldenen

38 Das Goldene Zeitalter Chinas: ein prunkvolles Kästchen aus dem Schatz von Famensi. Es barg einen Fingerknochen Buddhas.

Zeitalters der Tang-Dynastie wurde auch dem Kloster weniger Beachtung geschenkt. Im 16. Jahrhundert brannte die hölzerne Pagode ab und wurde durch einen 45 Meter hohen, 13-stöckigen Ziegelbau ersetzt. Die Krypta geriet in Vergessenheit.

Im Sommer des Jahres 1981 kommt es im Gebiet um Xi'an zu schwersten Regenfällen. Eine Hälfte der Ziegelpagode bricht in sich zusammen. Die Regierung beschließt, sie wieder aufzubauen. Erste Untersuchungen werden durchgeführt, die Stabilität des Untergrunds geprüft. Dann, am 2. April 1987, stoßen die Bauleute auf eine unterirdische Treppe. Zwanzig Stufen, bedeckt mit unzähligen Münzen aus der Zeit vom Beginn des 1. bis ins 9. Jahrhundert, führen zu einem steinernen zweiflügeligen Tor. Das eiserne Vorhängeschloss ist stark korrodiert und ungeöffnet. Dahinter ein Korridor, genau nord-südlich ausgerichtet. Dann die Sensation: der »unterirdische Palast«, gleichfalls noch mit original verschlossenen Toren, bestehend aus drei Kammern aus Kalksteinen und Marmorblöcken gemauert, hintereinander liegend, jeweils durch eine Tür getrennt. Vor dem ersten Raum zwei Inschriftensteine mit der Inventarliste, dem Schenkungsverzeichnis der Stifter aus dem 9. Jahrhundert, auch die Kaiser persönlich sind dabei. In einer geheimen Nische in der hintersten Kammer liegen die Kästchen mit den Reliquien, den, wie die Legende überliefert, »echten« Fingerknochen Buddhas. (Es stellt sich heraus, dass zwei der Knochen aus Jade gefertigt sind, von einem Fingerknochen nehmen gläubige Buddhisten heute an, dass es eine authentische Reliquie sei.) Im letzten Raum, der eigentlichen Schatzkammer, sind die kostbarsten Objekte aus Edelmetall, Glas und Seide dicht gedrängt nebeneinander gestapelt, Zeugnis für den überquellenden Luxus und Reichtum der glanzvollsten Epoche des chinesischen Reiches.

Ein unbeschreiblich wertvoller Gold- und Silberschatz war mit der Reliquie im »unterirdischen Palast« verborgen worden. 874 wurde die Krypta – wie nach einer Beisetzung – verschlossen. Die Erinnerung daran ging verloren. Vergraben und vergessen bis zum 2. April 1987: einer der größten und bedeutendsten Fundkomplexe aus dem Mittelalter, die je aus Chinas Boden zutage kamen.

IM UNTERIRDISCHEN PALAST

Von Xi'an aus, der alten Kaiserhauptstadt, startet unsere kleine Karawane früh am Morgen Richtung Famensi, dem – auch heute wieder – wohl wichtigsten buddhistischen Kloster Chinas. Unsere Gruppe hat Zuwachs bekommen: Alexander Koch, der seit 1993 in Xi'an die wissenschaftlichen und konservatorischen Aktivitäten des

Römisch-Germanischen Zentralmuseums Mainz koordiniert, ist mit von der Partie. Ein unglaublicher Rummel empfängt uns: Reisebusse, Großparkplätze, ein Markt mit »echt alten« Andenken, Kamele, mit denen man sich ablichten lassen kann, Schaukeln für die Kinder, Cola-Buden, Hundertschaften von japanischen Reisenden, es ist schwer, nicht vor ihre Kameras zu geraten, Mönche, Pilger, Soldaten, Großfamilien – es ist Sonnabend –, kleine Stände mit Weihrauchstäbchen und nachgemachtem Papiergeld zum Opfern auf den diversen Klosteraltären.

Der Buddhismus boomt in China. Und die Mächtigen stellen sich wieder gut mit der Kirche. Auch der Staatspräsident Jiang Zemin war hier, gleich hinter der Kasse sieht man ihn auf einem überdimensionalen Bild mit dem Abt, wie er sich mit schön geschwungenen Schriftzeichen in ein Buch einträgt. Ledderose nickt zufrieden, Jiang Zemin ist auch ein geschätzter Kalligraf.

In jedem Bereich werden aufs Neue Eintrittsgelder verlangt, der Reichtum des Klosters muss immens sein. Vor dem Eingang zur Krypta eine Menschenschlange. Wir steigen die Stufen hinab, stehen im unterirdischen Korridor. Durch eine Panzerglasscheibe können wir in die Schatzkammern sehen. Die sind völlig leer geräumt. Die meisten Schätze liegen in einem anderen Klosterbereich in einem Museumsbau. Für dieses Areal und dann noch einmal für das Museum gilt es neu zu bezahlen. Koch stellt schnell fest, dass in den Vitrinen fast nur Duplikate liegen. Doch selbst das Ablichten dieser Kopien durch die Scheiben hindurch soll ein Vermögen kosten. Wir verzichten und sind froh, dass wir kurz zuvor im British Museum in London gedreht haben, wo im Moment die schönsten Stücke aus dem Schatz ausgestellt werden.

Mitten in all dem Trubel knien Koch und Ledderose in der goldausgelegten Krypta völlig versunken auf dem Boden vor einer sechsarmigen Figur. Gehört sie zum esoterischen Buddhismus? Ihren Namen kennen die beiden Wissenschaftler nicht, aber es handelt sich offenbar um eine unheilabwehrende Gottheit, die ursprünglich aus

Indien kommt. Der Archäologe Koch bittet den Kunstgeschichtler Ledderose um Rat: Wie weit zeigt die gesamte Krypta die Ikonographie des esoterischen Buddhismus? Im China des 9. Jahrhunderts hatte der esoterische Buddhismus, im Chinesischen auch »Geheimlehre« genannt, einen erheblichen Aufschwung erlebt. Seine magischen Praktiken und pompösen Kulte ließen sich bestens in den Propagandaapparat des Kaiserhauses einbinden, ein Thema, zu dem die offiziellen historischen Quellen schweigen. Doch Teile des Depots von Famensi geben eindeutige Hinweise. Stellt die ganze Krypta ein Mandala dar, ein Diagramm des Kosmos?

DES KAISERS GOLDSCHMIEDE

Das goldene Zeitalter Chinas, das etwa dem frühen Mittelalter Europas entspricht, wird auf einmalige Weise durch den Schatzfund im »unterirdischen Palast« erhellt. Schalen, Kannen, Kelche und Weihrauchbrenner aus Gold und Silber, erlesene Behältnisse aus Glas und Keramik, Lack- und Holzarbeiten, prachtvolle Seiden- und Brokatstoffe, farbig bemalte Wächterfiguren geben Auskunft über das Leben bei Hof und die kaiserlichen Haushalte, über das klösterliche Alltagsleben, seine feierlichen Rituale und nicht zuletzt über die Handelsbeziehungen des alten China. Manche Stücke zeigen deutliche Abnutzungs- und Gebrauchsspuren, einige sind eindeutig Importe aus dem exotischen Westen. Viele der Gold- und Silberteile sind in kaiserlichen Werkstätten hergestellt worden, wie Inschriften belegen, ausgesuchte Luxusware von höchster Kunstfertigkeit. Die Objekte gehören zu den qualitätsvollsten, die je in China gefunden wurden. Doch nicht alle haben die Jahrhunderte unbeschadet überstanden.

Experten des Römisch-Germanischen Zentralmuseums in Mainz (RGZM) konnten seit 1990 mit finanzieller Unterstützung des Bundesforschungsministeriums Teile des Reliquienschatzes restaurieren. Im Rahmen des Wissenschaftlich-Technischen Abkommens zwischen Deutschland und China wurde die Kooperation

39 (Linke Seite, oben) Vor dem Eingang zum buddhistischen Kloster von Famensi werden lauthals Devotionalien angepriesen: Räucherstäbchen und nachgemachtes Papiergeld in dicken Bündeln. Wer sie opfert, soll Reichtum erlangen.

40 (Linke Seite, unten) Die Krypta von Famensi, wo der Schatz entdeckt wurde, ist ganz mit Gold ausgekleidet.

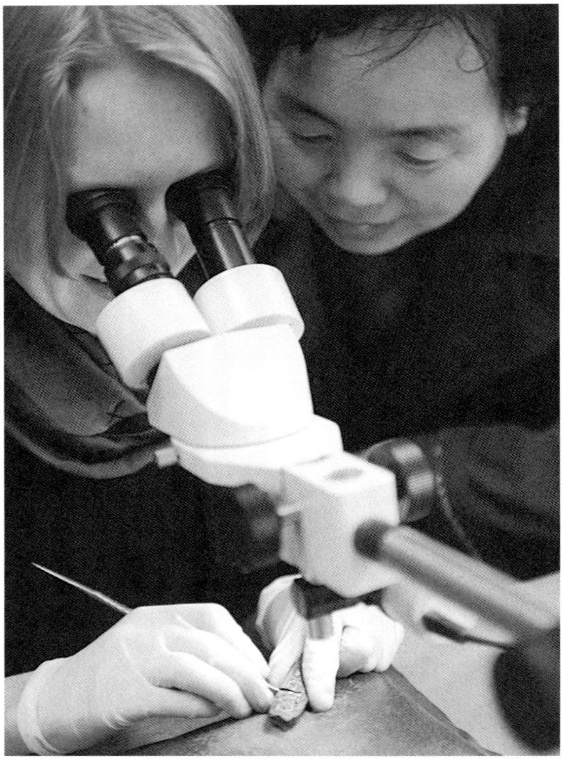

zwischen den Mainzern und dem zuständigen Archäologischen Institut der Provinz Shaanxi zur Konservierung dieser und anderer Funde beschlossen. In Xi'an wurden eigens Werkstätten eingerichtet, in denen ständig zwei bis drei Mitarbeiter des RGZM zusammen mit chinesischen Kollegen, die angelernt werden, tätig sind. Aus Deutschland kamen eine komplette Röntgenanlage, Ultraschallmeißel, feinste Sandstrahlgeräte und spezielle, direkt aus der Zahnmedizin entlehnte Präzisionswerkzeuge. In den Restaurierungslaboratorien begann man als Erstes mit den Arbeiten am Goldschatz von Famensi.

41 Teile des Reliquienschatzes werden hier restauriert: deutsch-chinesische Zusammenarbeit in den Werkstätten des Römisch-Germanischen Zentralmuseums Mainz in Xi'an.

Seit 1993 ist Alexander Koch jedes Jahr mehrere Monate hier. Seine Hauptarbeitsgebiete: die Projektkoordination im Bereich der Konservierung und Restaurierung, die Erforschung von Kaisermausoleen aus der Tang-Zeit, der Aufbau einer Bilddatenbank. Dieses ist sein vorerst letzter Besuch, nachdem er in Zürich die Leitung der Sektion Archäologie am Schweizerischen Landesmuseum übernommen hat. »Das war eine gewaltige wissenschaftliche Herausforderung, alles war neu, eine sehr spannende Phase – und auch ein bisschen Abenteuerlust«, gibt er zu, nach seinen Motiven gefragt, den Arbeitsplatz von Mainz nach Xi'an zu verlegen. »Gewöhnungsbedürftig waren vor allem die ganz eigene Mentalität und die anderen Wertvorstellungen eines Landes, das sich bewusst ›Reich der Mitte‹ nannte, ein offizieller Titel, der Anspruch auf Macht und kulturelle Überlegenheit beinhaltet.« Er ist glücklich, dass ab 1990, seit der erneuten Öffnung Chinas, Zeugnisse seiner Geschichte erforscht und dem Westen bekannt gemacht werden können. Und er berichtet von der gigantischen Entwicklung, die China in den letzten sieben Jahren erlebt hat: Konsumgüter überschwemmen die Städte, die Unterschiede zwischen Stadt und Land werden immer größer, alles ist in Bewegung, und keiner weiß, in welche Richtung.

DIE GEHEIMLEHRE VON FAMENSI

Der Abt weiß von unseren Dreharbeiten. Wir werden von dem würdigen alten Herrn im gelben Gewand empfangen und erhalten ein Gastgeschenk. Dies ist ganz außergewöhnlich, eine große Ehre, murmelt der Professor uns zu, und alle benehmen sich entsprechend respektvoll.

Koch und Ledderose sind sich einig, dass der Schatzfund schlagartig einen unerwarteten, nie da gewesenen Einblick in den Kult des Buddhismus vor allem zur zweiten Hälfte der Tang-Zeit gibt und die Verflechtung von Kirche und Staat erhellt. Vielfach lässt sich die spezielle Bedeutung der deponierten Gegenstände, ihre Funktion im Ritual, noch heute bestimmen. Je unaufhaltsamer der Niedergang der Herrscherdynastie erschien, desto stärker wurde die esoterische Ausrichtung am Kaiserhof. Übernatürliche Kräfte wurden mit schamanistischen Methoden angerufen, um Regen zu machen oder Schnee im Sommer oder um Kriege zu gewinnen. Magische Rituale sollten Fruchtbarkeit oder Lebensverlängerung bewirken, und natürlich wird auch von Liebeszauber gemunkelt. Viele Kaiser neigten zu alchimistischen Praktiken und versuchten ihr irdisches Leben künstlich zu verlängern, etliche von ihnen kamen beim Gebrauch angeblich lebensverlängernder Drogen ums Leben. Besonders Kaiser Xuanzong, der von 712 bis 756 regierte, war bekannt für seinen Hang zur Zauberkunst.

Von besonderem Interesse ist für uns, was diesen Goldschatz, für sich genommen schon eine einzigartige Informationsquelle, mit der

42 *Von den Restauratoren gerettet! Das Schmuckstück aus dem alten China gibt Auskunft über das Leben am Kaiserhof.*

steinernen Bibliothek des Yunjusi verbindet. Ledderose: »Was ihnen besonders wichtig und wert war, vergruben sie in der Erde, in der heiligen Erde Chinas. Der kostbarste Schatz im spektakulären Fund des Staatstempels Famensi sind die Buddha-Reliquien. Auch die heiligen Texte des Yunjusi stellen den Leib Buddhas dar, gelten also ebenfalls als Reliquien. Hier haben sie unter der Pagode die große Krypta erbaut, im Wolkenheimkloster stand die Pagode schon, als sie die gemeißelten Steinplatten vergruben, um sie zu schützen. Deswegen verbargen sie sie eben direkt daneben, ›einen Schritt von der Pagode entfernt‹ in der Erde.«

Durch die Menschenmengen schlängeln wir uns wieder nach draußen. Koch und Ledderose setzen sich in eine kleine Garküche am Straßenrand und parlieren in Chinesisch mit der Familie. Der zahnlose Großvater, der den Blasebalg fürs Feuer bedient, lacht mit breitem, offenem Mund, wir verstehen kein Wort, betrachten die immer neuen Busladungen von Gläubigen und Besuchern und sind wieder einmal fasziniert von der scheinbar ungebrochenen Tradition eines Landes, seiner Sprache, seiner Religion. Und doch erwartet uns noch das Spektakulärste und Monumentalste, das je vergraben worden ist, Bauwerke, neben denen die ägyptischen Pyramiden verblassen: die Gräber der Kaiser. Sie sind noch nicht wissenschaftlich ausgegraben, man kann nur vermuten, welche Schätze sie bergen. Auf Raubgrabungen steht die Todesstrafe.

43 Der Eingang zum Grab des Kaisers Ruizong ist seit 1300 Jahren verschlossen und inzwischen verfallen. Das Mausoleum des Kaisers im Berg wurde noch nie wissenschaftlich geöffnet und erforscht. Mag sein, dass in diesem Berg enorme Schätze lagern. Doch Vorsicht: Auf Raubgrabungen steht die Todesstrafe!

DER PALAST FÜR DIE EWIGKEIT

Steffen ist glücklich. 120 Kilometer östlich der Vier-Millionen-Stadt Xi'an endlich blauer Himmel und klare Sicht. Er baut seine Kamera mitten im strahlend gelben Rapsfeld auf. Entlang einem schmalen Pfad marschieren die beiden Wissenschaftler zum Kaisergrab empor. Ein schönes Bild voller Frieden und Einklang, der junge Forscher aus Deutschland und Professor Gong Jiming, der betagte, hoch angesehene ehemalige Leiter des Archäologischen Instituts Xi'an, in dem das RGZM seine Werkstätten unterhält.

Der Eingang zur Gruft ist optisch bedeutend weniger attraktiv, kurz gesagt: Man sieht gar nichts. Gut, von unten ist auf halber Höhe des Bergs ein dunkles Rechteck auszumachen, die rund 70 Meter lange und 4 Meter breite Zugangsrampe für die Grabkammer des Kaisers Ruizong (662–716). Doch die ist seit nunmehr 1300 Jahren verschlossen, die Rampe verfallen und vor Ort nur dem geübten Auge erkennbar: eine leichte Eintiefung, bearbeitete Steinblöcke, behauene Kanten im Fels. Wie es drinnen aussieht, weiß keiner. Nur von Grabräubern wird im 10. Jahrhundert berichtet. Wie weit sie ins Innere vordrangen, ist nicht bekannt.

Auf einer Strecke von 150 Kilometern erheben sich entlang des Wei-Flusses in der »Landschaft zwischen den Pässen« 18 gewaltige Mausoleen der Tang-Kaiser, Monumente ihrer Machtfülle, ihres Prunks und ihres Reichtums. Zeugnisse der Blüte, die das Reich der Mitte erlebte und seine pulsierende, weltoffene Metropole, die größte und reichste Stadt der Welt, das heutige Xi'an. Keine der gigantischen Grabanlagen von bis zu zehn Quadratkilometern Fläche ist bisher ausgegraben und wissenschaftlich untersucht worden. Ein Grund dafür, neben der Achtung vor der Totenruhe, sind vermutlich die fehlenden Möglichkeiten der Konservierung all der Kostbarkeiten und Schätze, die möglicherweise ans Tageslicht kämen.

Was Koch persönlich fasziniert, sind die riesigen Dimensionen dieser Mausoleen: »Eine Monumentalität, die ihresgleichen sucht. Im gesamten europäisch-asiatischen Raum gibt es nichts Vergleichbares, weder von der Größe her noch von dem Aufwand, der zur Errichtung betrieben wurde.«

FENG SHUI AM KAISERHOF

Die ägyptischen Pyramiden erscheinen klein gegen diese »Paläste für die Ewigkeit«, die die umgebende, zum Teil völlig umgestaltete Landschaft in ihre Anlage mit einschlossen. Schon zu Lebzeiten des Kaisers wurde sein Bestattungsplatz festgelegt. Doch der Kaiser selbst hatte keinen Einfluss auf die Wahl des Ortes. Den bestimmten Wind- und Wasser-Meister, die Geomanten. Das Grab musste harmonisch in eine natürliche – allerdings künstlich hergestellte – Landschaft eingebettet sein, die den Prinzipien des Feng Shui entsprach. Dazu wurden Berge abgetragen oder aufgeschüttet, Flüsse umgeleitet, Bäche zu Seen gestaut, Felder angelegt, Wälder angepflanzt oder abgeholzt. Hier am Qiaoling, dem Mausoleum des

Kaisers Ruizong, ist sein Grab in einen natürlichen Berg eingetieft, der nach Norden gegen Unheil und negative Einflüsse durch ein Gebirgsmassiv geschützt ist; nach Süden blickt der Kaiser in eine weite, fruchtbare Ebene mit einer gewaltigen Anlage aus Türmen und Toren, Säulen, steinernen Wächtern und einer imposanten Prozessionsstraße.

Alexander Koch zieht einen uns merkwürdig erscheinenden Kompass hervor, mit dem er die genaue Nord-Süd-Ausrichtung beweist: Die Magnetnadel in der Mitte ist von einer Scheibe mit unzähligen Strichen und Zeichen eingefasst. Ein Geomantenkompass, den die Chinesen ebenso erfunden haben wie Papier, Buchdruck, Porzellan, Schießpulver und die Kardanwelle.

Von hier oben sieht man deutlich die Prozessionsstraße – auch Seelen- oder Geisterstraße genannt –, die schnurgerade auf den Berg und das Grab zuläuft, auf mehreren hundert Metern gesäumt von überlebensgroßen Statuen: Leibwächtern, Beamten, Fabelwesen. Noch heute kann man den Verlauf der 14 Kilometer langen, einst 8 Meter hohen und 5 Meter dicken Mauer verfolgen, die den inneren Grabbezirk einschloss. Die vier Türme an den Ecken der Umfriedung, einst über 15 Meter hoch, bestehen nur noch aus Schutthaufen, aber die steinernen Löwen, die die vier Zugangstore bewachen, sind gut erhalten.

»Die chinesische Architektur richtete sich deswegen streng nach Feng Shui, der Lehre von Wind und Wasser, um den Verstorbenen auch im Jenseits behütet zu wissen. Der Harmonie von Erhebungen und Tälern, Felsen, Quellen, Pflanzen sprach man eine günstige Wirkung zu. Es sollte dem Toten gut gehen, das gehörte zum chinesischen Ahnenkult. Er sollte nichts vermissen, deswegen baute man die Gräber wie zeitgenössische Palastanlagen. Ja, es waren Paläste, Paläste für die Ewigkeit.« Und besonders begeistert sich Koch für die meterhohen Steinskulpturen: »So etwas suchen Sie in Europa zu der Zeit vergeblich.« Und richtig wütend wird er, wenn er auf die Steinfiguren mit den abgeschlagenen Köpfen zeigt: »Die Köpfe

44 Überdimensionale Wächterfiguren an der Prozessionsstraße zum Kaisergrab sollen den Herrscher auch im Tode beschützen.

wurden von Räubern abgehauen. Der Handel selbst mit solchen Antiken hat in den letzten Jahren in China sehr zugenommen. Die buddhistische Kunst floriert ja im außerchinesischen Kunsthandel, doch jetzt hat das Raubgräbertum eine Dimension erreicht, dass auch solche Skulpturen von Kaisermausoleen im Handel in Europa und Amerika auftauchen. Damit gehen Denkmäler und ihr Interpretationskontext verloren, die wir vor fünf oder zehn Jahren noch wunderbar hätten dokumentieren können.«

Und deswegen sind das RGZM und Koch hier. Zusammen mit Wissenschaftlern vom Fachbereich Geoinformatik und Vermessung der Fachhochschule Mainz unter Leitung von Professor Wolfgang Böhler wurde bei vier Kaisergräbern und den zugehörigen Nebengräbern ein Survey durchgeführt: Die Areale wurden vermessen und sämtliche Denkmäler, Funde und Befunde fotografisch, fotogrammetrisch und zeichnerisch erfasst. Von den Skulpturen

45 Riesige steinerne Löwen bewachten die vier Zugangstore zum inneren Grabbezirk.

wurden Stereobildpaare aufgenommen. Aus dem digitalen dreidimensionalen Modell am Computer konnte man dann Maße, Profilschnitte, Fischnetzansichten, Höhenlinienpläne oder auch schattierte Projektionen gewinnen. Um die Strukturen des zum Teil schwer zugänglichen Geländes zu erfassen, setzten die Mainzer ein Tachymeter ein, das mittels eines Prismenreflektors Daten der Vermessungspunkte bestimmt, aus denen der Computer Höhenlinienpläne erstellt. Modernste technische Geräte im Einsatz für die Bewahrung vergangener Kulturschätze. Chinesische Kollegen führten Sondierungsbohrungen in der Grabanlage durch, um Fundamente, die Größe und Form von Gebäuden, Straßen, Türmen und Mauern zu bestimmen.

Noch gab es keine Grabung, aber die Vorbereitungen dazu sind weitgehend abgeschlossen: Der gesamte Bestand, alles, was noch vorhanden ist, bis zum kleinsten Ziegelstein, wurde dokumentiert.

Voraussetzung zu seiner Erhaltung, aber ebenso, wie Koch sagt, um die Dimensionen dieser unbekannten Denkmäler bekannt zu machen – auch in Europa. »Allein in diesem Land arbeiten zu können«, schwärmt er, »das war doch vor zwölf Jahren noch unvorstellbar. Und dann über solch lange Zeiträume. Die anderen Länder beneiden uns Deutsche darum. Aber bei der gewaltigen Fundmasse können wir nur der Tropfen auf dem heißen Stein sein, was die Konservierung angeht.« Und die war zu Anfang schwierig. Die Patina von den Bronzefunden entfernen? Schrecklich. Diese wunderschöne grasgrüne Edelpatina. Als dann aber Inschriften darunter sichtbar wurden oder unter korrodiertem Eisen eine Vergoldung, da waren auch die Kritiker besänftigt. Jetzt werden chinesische Mitarbeiter zur Aus- und Weiterbildung regelmäßig in die Laboratorien nach Mainz eingeladen. Sogar die gute alte Raumstation Mir wurde von den Mainzer Wissenschaftlern für die Erforschung der Kaisergräber aktiviert: Von deren elektronischer Kamera MOMS-02P erhoffte man sich höher auflösendes Datenmaterial, als die Satellitenbilder von Spot und Landsat hergeben. Mit dem 350 Kilometer entfernten Argus-Auge sollte der Megafriedhof des Planets Erde ausgekundschaftet werden. Aber bisher versagte Mir.

Doch wir wüssten so gern, wie's drinnen aussieht im Grab. Vielleicht wie in den Schatzkammern der ägyptischen Pyramiden?

AUF DEM HEILIGEN BERG

Wir nehmen Abschied vom Qiaoling, dem Mausoleum des fünften Tang-Kaisers, Ruizong, des Vaters der Prinzessin Goldfee, die das Wolkenheimkloster für seine steinerne Bibliothek so reich beschenkte.

Unsere Drehreise ist fast zu Ende. Wir verlassen die alte Metropole Xi'an und kehren zurück in die heutige Hauptstadt. Lothar Ledderose hat eine Überraschung für uns. Ebenfalls südlich von Beijing, aber sehr viel weiter von ihr entfernt als Yunjusi, sind uralte gemeißelte Steine bekannt geworden. Auf einem Berg unter freiem Himmel.

Wir fliegen nach Jinan, rund 500 Kilometer südsüdöstlich von Beijing gelegen. Durch eine öde Ebene fahren wir drei Stunden, bis wir endlich Hügel sehen, ja, kleine Berge, die sich aus dem immergleichen staubigen Grau des Flachlands erheben. Auf den ersten Blick haben sie nichts Magisches an sich. Doch dann tauchen die ersten Gebirgszüge auf, und der Professor zeigt begeistert und aufgeregt auf »unseren« Berg, den Gangshan. Am nächsten Tag wollen wir ihn besteigen. Träger werden organisiert, um uns beim Transport des Filmequipments zu helfen. Doch die erscheinen am nächsten Morgen erst einmal mit ziemlicher Verspätung: Sie hatten verschlafen. Deutsche Filmteams, die die Morgenstimmung auf dem Berg aufnehmen wollen, sind eben noch früher auf den Beinen als selbst die Chinesen, die als große Frühaufsteher bekannt sind.

Über ausgebaute Treppenstufen geht es ein gutes Stück bergauf. Bald wird der Weg rauer, keine bequemen Treppen mehr, dafür entdecken wir alte, ausgetretene Stufen. Auf halber Höhe stoßen wir auf ein Kloster. Als der Abt uns sieht, verschwindet er sofort hinter den hohen Mauern des Tempels. Jedoch nur, um uns wenig später mit frisch aufgebrühtem Tee zu begrüßen. Der alte Herr, er dürfte um die 90 sein, lebt allein auf dem Berg und freut sich über den seltenen Besuch. Besonders, wenn ein Ausländer ihn in perfektem Chinesisch anspricht. Schnell sind der Mönch und der Professor in ein angeregtes Gespräch vertieft. Die immer freundliche und höfliche, aber wohl auch skeptische Frau Tsai übersetzt uns in Stichworten. Es geht offensichtlich um die Götter und die Welt, genauer gesagt, um den Frieden in der Welt. Der Abt erzählt von sich. Erst seit einigen Jahren darf er wieder hier am Gangshan praktizieren. Während der Kulturrevolution war er zur Arbeit in einer Zementfabrik gezwungen. Und dann bestätigt er, ja, oben auf dem Berg gebe es Sutrensteine. Viele. Doch seine Füße sind zu schwach, um uns zu begleiten. Er beschreibt uns den Weg.

46 *Der Abt des Klosters auf halber Höhe des Gangshan-Bergs darf erst seit einigen Jahren wieder praktizieren. Er weist den Weg zu den geheimnisvollen Steinblöcken auf dem Gipfel.*

47 Der Professor entziffert die in den Stein gehauenen Botschaften. Für wen waren die seltsam großen Zeichen unter freiem Himmel eingemeißelt worden? Wohl kaum für die Menschen hier auf Erden.

Nach einem steilen Aufstieg erreichen wir das Gipfelplateau, und hier erwartet uns ein atemberaubender Anblick: Wie riesige Kieselsteine liegen Felsfindlinge verstreut auf dem Plateau. Manche haben einen Durchmesser von zehn Metern.

Wir entdecken die ersten Schriftzeichen. Der Professor und sein Kollege Luo Zhao von der Akademie der Sozialwissenschaften aus Beijing sind nicht mehr zu halten. Sofort beginnt eine intensive Diskussion über ihre Bedeutung. Es sind Sutrenfragmente, so viel steht fest. Doch Zuordnung und Interpretation sind schwierig. Wenn man das Auge erst einmal geschult hat, erspäht man auf fast jedem Felsen die eingemeißelten Zeichen. Auch an einem Überhang, der direkt in die Ebene abfällt. Als ob sie gar nicht gemacht wurden für die Menschen hier auf Erden. Und seltsam groß, viel größer als im Yunjusi.

NACHRICHTEN ANS JENSEITS

Manche der Schriftzeichen sind bis zu einem halben Meter groß. Man muss um die Steinklötze herumgehen, um sie zu lesen. Zuweilen sind sie oben auf dem Stein eingemeißelt. Unser wissenschaftlicher Begleiter, Herr Hun Xinli, der Direktor des Museums in der nahe gelegenen Stadt Zoucheng, klettert auf einen meterhohen Felsen und nimmt einen Abklatsch der Schrift: Er legt ein weiches, weißes Blatt Papier über die eingehauenen Zeichen und streicht in schnellen Bewegungen mit einer Bürste schwarze Tusche auf den Bogen, bis die Schriftzeichen deutlich hervortreten. Als er wieder vom Felsen herabgeklettert ist, machen sich die beiden Buddhologen begierig an die Entzifferung. Hier ist alles neu, nur einigen wenigen Experten bekannt, es gibt noch keine Veröffentlichungen.

Eine ganz eigentümliche, fast unwirkliche Stimmung nimmt uns gefangen. Die lärmende, rauchende Fabrikwelt der Ebene mit ihren Ziegeleien scheint weit weg. Die steinernen Schriften sind eingebettet in den Gesang seltener Vogelstimmen, in das Rauschen der Blätter oder einfach in Stille. Es ist ein ganz besonderer Platz hier oben, man muss nur das Chaos dort unten ausblenden. Mit fortschreitender Filmarbeit bewegen wir uns sicherer in dem Labyrinth der gigantischen Kieselsteine, freuen uns über kleine Entdeckungen, und auch unser offizieller Regierungsbegleiter, der sympathische und für unsere gesamte Expedition überaus hilfreiche Herr Xu Shu Sheng, beteiligt sich an der Suche nach versteckten Texten und macht sich daran, sie zu lesen.

Von wem wurden sie geschrieben und eingemeißelt – und für wen? Welcher Mensch erklimmt schon dieses steile Bergplateau? Sind es Nachrichten an die Außerirdischen, an Götter, an die Verstorbenen?

Ledderose schätzt, dass sie 30 Jahre vor dem Beginn des Jingwan-Projekts entstanden sind. Das erste Zeugnis für die Idee, dass man dem erwarteten Weltuntergang begegnen müsse, indem man Gebote und Sutren in Stein meißelt. Wahrscheinlich hatte der buddhistische Mönch davon gehört. Der entscheidende Unterschied ist, dass die Dokumente hier unter freiem Himmel liegen. »Das hat noch etwas Irrationales, Himmelstürmendes, Fantastisches. Dagegen ist das Meißelprojekt in Yunjusi bewusst als Bibliothek angelegt. Gut, das ist in unseren Augen genauso wahnsinnig, aber eine Bibliothek kann jeder aufsuchen, um das bis dahin angesammelte Wissen der Welt abzufragen. Alle Menschen kämpfen doch gegen die Vergänglichkeit des Materials. Wenn ein Mensch stirbt, geht das Wissen verloren, das er in seinem Leben erworben hat. Einen Teil dieses Wissens kann man aber in Schrift niederlegen für spätere Generationen. Jingwans Idee war, eine Bibliothek zu schaffen für das nächste Weltzeitalter, wenn wieder neue Menschen auftauchen, die das lesen können. Doch wer ist hier auf diesem Berg das prospektive Publikum? Sicher nicht ein bestimmter Leser. Diese großen Zeichen könnten ›von außerhalb der Erde‹ gelesen werden. Vielleicht sollen sie zu den Himmelsmächten emporscheinen. Die religiöse Potenz, die in diesen Texten liegt, strahlt aus in den Kosmos.«

Plötzlich erscheint uns die Atmosphäre hier oben auf dem Plateau des Gangshan noch geheimnisvoller. Andächtig schauen wir gen Himmel, wo welche Leserschaft auch immer vermutet werden kann.

Die Felsen sind an einigen Stellen verwittert, die kurzen Texte nur schwer zu erkennen. Zu gern würde der Professor zusammen mit den chinesischen Kollegen die Schriften erfassen, auch in ihrem Zusammenhang entschlüsseln und das Rätsel des Gangshan lösen. Immerhin, Herr Hun Xinli schenkt ihm den Bogen mit der Abreibung. Ledderose verbeugt sich tief, seine Freude ist echt, er strahlt über das ganze Gesicht. So kann er einige der geheimnisvollen Gangshan-Zeichen mit nach Hause tragen, schwarz auf weiß, nach Heidelberg und Princeton.

Am späten Nachmittag kommt plötzlich Wind auf, der Himmel verdunkelt sich. Die Aussicht auf ein Gewitter hier oben beunruhigt uns. Doch es ist der Schmutz der Ebene, der den Berg wieder in Besitz nimmt und uns zum Abstieg mahnt. Vor der Abfahrt nehmen wir

48 Von der Schrift auf der Spitze eines Steinblocks wird ein Abklatsch genommen: mit schwarzer Tusche auf weicher Papierbahn.

noch eine Gangshan-Totale auf. Die sieht nach gar nichts aus. Seinen Zauber offenbart der Gipfel nur dem Bergsteiger mit Zeit und offenen Augen – und gläubigem Herzen.

Auf dem Rückweg nach Jinan bekommen wir mit, dass Ledderose im Dunkel des Geländewagens unserem Fahrer begeistert von den Funden erzählt. Der hört genauso begeistert zu. Und ich möchte als Fazit dieser wochenlangen Dreharbeiten wissen: Warum sind diese Meißelprojekte, vor allem die steinerne Bibliothek des Yunjusi, für den Kunsthistoriker Ledderose so wichtig, dass er ihnen einen bedeutenden Teil seiner Arbeit widmet?

»Diese steinerne Bibliothek ist eine der ganz großen kulturellen Errungenschaften der Menschheitsgeschichte«, sprudelt es aus ihm heraus. »Ich halte es für ganz wesentlich, dass die westliche Welt von dieser enormen Leistung der chinesischen Mönche, Gläubigen und Kaiser weiß. Sie ist einmalig in der Welt. Einer Welt, die immer mehr zu einer einzigen Welt zusammenwächst. Wenn wir mehr voneinander wissen, von unseren Schöpfungen und Kunstwerken, vom Arbeitseinsatz, den Organisationsformen und der Gedankenwelt, die dahinter steckt, von den Vorstellungen und Talenten, die so typisch chinesisch sind, lernen wir uns gegenseitig besser verstehen – und damit schätzen und würdigen. Alexandria ist verbrannt, aber die chinesische steinerne Bibliothek ist noch da, für alle, die sie lesen wollen und können.« Und dann, zum Schluss, sehr eindringlich, damit wir auch wirklich zuhören: »Humboldt hat das schon vor 200 Jahren propagiert: Wenn wir die Welt verstehen wollen, müssen wir sie mit ihren Menschen verstehen.«

49 *Seit fast eineinhalb Jahrtausenden erhalten: Nachrichten aus Stein, gedacht für die Ewigkeit.*

NICHT DAS WIE, SONDERN DAS WARUM IST WICHTIG

Am 12. April 1829 verlässt Alexander von Humboldt mit seiner wissenschaftlichen Begleitung Berlin. Der russische Zar Nikolaus I. finanziert ihm eine Expedition nach Russland und Sibirien. In einem Dreivierteljahr legt der Forscher 19 000 Kilometer zurück und überschreitet die chinesische Grenze am Oberlauf des Irtysch. Später wird er schreiben: »Dieses Jahr ist mir das wichtigste meines unruhigen Lebens geworden.« Auf dieser Reise wird der Naturwissenschaftler einmal mehr zum Kulturgeschichtler, der in seine lebenslange Prüfung globaler Zusammenhänge die Hinterlassenschaften der Menschen auf der Erde einbezieht, ihre Spuren, ihre Eingriffe.

Sein außergewöhnliches Interesse für Geschichte, in dessen Strom er sich eingebettet fühlte, trieb ihn auch zu vergleichenden historischen Studien von einheimischen Sprachen, »weil ihre Untersuchung für die Geschichte unserer Gattung und den stetigen Entwicklungsgang unserer Geisteskräfte nicht ohne Belang ist«. In seiner »Reise in die Äquinoktial-Gegenden des Neuen Kontinents« berichtet er, wie schwer es doch gewesen sei, noch Exemplare von Wörterbüchern der Indianersprachen zu finden, und er klagt über die Bedrohung südamerikanischer Archive: »Wegen der großen Feuchtigkeit und der Gefräßigkeit der Insekten lassen sich in diesen heißen Ländern Bücher fast gar nicht aufbewahren.« Papier scheint für nimmersatte Termiten ein Leckerbissen zu sein.

Humboldt war der Erste, der den Begriff der Nachhaltigkeit einführte. Und der eine Art Netzwerk der Information aufbaute. Er fragte: Was sind Entdeckungen, was ist Wissen wert, wenn man es nicht verbreite? Seine Welt war vernetzt, über alle Kontinente hinweg. 50 000 Briefe soll er geschrieben haben. Er hatte es eilig, was er an Wissen gesammelt hatte, festzuhalten und zu veröffentlichen. Er war überzeugt, dass in dem Maße Glück in der Welt herrsche, in dem es gelinge, Wissen unter der Menschheit zu verbreiten. Nicht der Furor des technischen Fortschritts stand im Vordergrund, nicht das Wie, sondern in einer Rückbindung an die humane Tradition das Warum. Forschung und Wissenschaft nicht als l'art pour l'art, sondern als Vehikel zur Befreiung und Menschlichkeit. Seinen »Kosmos« legte er bewusst allgemein verständlich und populärwissenschaftlich an. Seine berühmten Vorträge in der Berliner Sing-Akademie für breite Bevölkerungskreise gelten bis heute als eine Sternstunde der Popularisierung von Wissenschaft.

Umso seltsamer, dass er für seine eigene Bibliothek, die 11 000 Bände umfasste, keine Vorsorge getroffen, sich nicht um ihren

Bestand gekümmert, nicht rechtzeitig ihren Erhalt gesichert hatte: Noch zu Lebzeiten vermachte er seine Habe seinem Diener Seifert. Seine außerordentlich wertvolle Bibliothek geriet zuerst an einen amerikanischen Buchhändler und wurde dann zum größten Teil in London vernichtet: durch einen Brand. Sie bestand eben aus Papier.

LITERATURHINWEISE

Eggebrecht, Arne (Hg.): China – eine Wiege der Weltkultur. Mainz 1994.

Goepper, Roger (Hg.): Das alte China. München 1988.

Koch, Alexander: Der Goldschatz von Famensi. Prunk und Pietät im chinesischen Buddhismus der Tang-Zeit. Sonderdruck des Römisch-Germanischen Zentralmuseums Mainz. Mainz 1995.

Koch, Alexander: Ein Hort aus Chinas Goldenem Zeitalter. In: Archäologie in Deutschland 1/98.

Koch, Alexander: Kaisergräber der Tang-Dynastie. In: Spektrum der Wissenschaft, November 1996.

Koch, Alexander: Untersuchungen zu tang-zeitlichen Kaisermausoleen in der Provinz Shaanxi (VR China). In: Jahrbuch RGZM 41, 1994.

Kuhn, Dieter (Hg.): Chinas Goldenes Zeitalter. Die Tang-Dynastie (618–907 v. Chr.) und das kulturelle Erbe der Seidenstraße. Heidelberg 1993.

Ledderose, Lothar: Ein Programm für den Weltuntergang: Die steinerne Bibliothek eines Klosters bei Peking. In: Heidelberger Jahrbücher XXXVI/1992.

Ledderose, Lothar: Massenproduktion angesichts der Katastrophe. In: Asiatische Studien, XLIV, 2, 1990, S. 217ff. Bern 1990.

WELT-LABORATORIUM BAIKAL-SEE

Von Christian Spiering und Frank Riedel

NEUTRINOJAGD IM TIEFSTEN SEE DER ERDE

Von Christian Spiering

Der Winter des Jahres 1988 hatte dem Baikal-See außergewöhnlich tiefe Temperaturen beschert. Selbst am südlichen Ende des Sees war die Eisdecke bis auf knapp einen Meter Dicke gewachsen. Es war Anfang März, und ich fuhr in einem klapprigen Kleinbus über die weite, spiegelnde Fläche, die nur gelegentlich von Schneeverwehungen oder Haufen aus geborstenem Eis aufgelockert wurde. Das kleine Außenthermometer zeigte minus 20 Grad. Dort, wo sich meine Füße befanden, konnte es meiner Schätzung nach nicht viel wärmer sein. Ich fühlte mich, als ob ich langsam, aber sicher von unten vereiste. Die Sonne tauchte die bläulich-weiße Pracht in strahlendes Morgenlicht. Rechts von uns, keinen Kilometer entfernt, lag das pittoreske, zerklüftete Nordufer, links dehnte sich der See. Weit hinter seinem Südufer konnte man im verschwimmenden Blau die Gipfel der Kharmardaban-Bergkette ausmachen. Soweit sie durch die verfrorenen Füße nicht in ihrer Erlebnisfähigkeit eingeschränkt waren, überließen sich die Insassen des Busses völlig dem überwältigenden Anblick.

Es gab verschiedene Gründe dafür, dass ich 1988 über das Eis des sibirischen Naturwunders holperte. Einer davon lag 180 000 Jahre zurück.

Damals war in der kleinen Magellanschen Wolke, einer Begleitgalaxis unseres eigenen Milchstraßensystems, ein Stern explodiert. Das Licht dieser Explosion breitete sich in den Raum aus. Als es seinen Weg begann, sollten noch einige zehntausend Jahre bis zum Erscheinen der Neandertaler auf unserer Erde vergehen. Rund 180 000 Jahre benötigte die Lichtwelle, um den intergalaktischen Raum zwischen der großen Magellanschen Wolke und unserer Milchstraße zu durchmessen. Die Ägypter bauten an ihren Pyra-

50 (Vorhergehende Doppelseite) Der Baikal-See ist der älteste und tiefste See der Erde – Naturerbe der Menschheit.

miden, als der auf uns gerichtete Teil der Lichtfront in die Milchstraße eindrang. Am 23. Februar 1987, vermutlich gegen 9.30 Uhr Greenwichzeit, erreichte sie schließlich die Erde. Einen Tag später bemerkte ein Astronom das immer noch ansteigende Leuchten aus der Magellanschen Wolke: Er hatte eine Supernova entdeckt!

Supernova-Ausbrüche sind extrem seltene Ereignisse. Nur dreimal im Verlauf des letzten Jahrtausends konnte ein solcher Vorgang in unserer eigenen Galaxis beobachtet werden – in den Jahren 1054, 1582 und 1604. Fast alle anderen Supernova-Explosionen ereigneten sich in Galaxien, von denen uns Dutzende Millionen von Lichtjahren trennen. Sofort nachdem die Entdeckung der mit SN 1987A bezeichneten Supernova bekannt geworden war, setzte daher eine fieberhafte wissenschaftliche Aktivität ein. Nicht nur Astronomen interessierten sich für dieses Naturereignis. Aufgrund der geringen Entfernung der Explosion und mit Hilfe neuartiger Nachweisgeräte ergab sich nämlich erstmals die Chance, Boten aus dem eigentlichen Kern des kollabierten Sterns zu registrieren, Boten, die zu den seltsamsten Erscheinungen des Kosmos zählen: Neutrinos.

UNSICHTBARE HIMMELSBOTEN

Neutrinos sind elektrisch neutrale Elementarteilchen – Verwandte von Protonen, Neutronen und Elektronen, aus denen die Atome aufgebaut sind. Im Vergleich zu diesen eher prosaischen Verwandten nehmen sich Neutrinos wie elfenhafte Zauberwesen aus. Ihre bemerkenswerteste Eigenschaft besteht in ihrer geringen Neigung, mit ihrer Umgebung in irgendeine Wechselwirkung zu treten. Aufgrund dieser Eigenschaft können sie riesige Materieschichten ohne einen Zusammenstoß durchdringen.

Von den 60 Milliarden Sonnenneutrinos pro Quadratzentimeter und Sekunde etwa, die von der Sonne kommend auf die Erdoberfläche treffen und dann die Erde durchqueren, kollidieren im Mittel kaum ein Dutzend mit einem Atom des Erdinnern. Unbemerkt durchqueren sie auch unseren Körper, schießen in der Schulter

51 Ein Stern explodiert: Die Supernova SN 1987A (unten rechts) in der großen Magellanschen Wolke, fotografiert im Februar 1987.

hinein und durch die Fußsohlen hinaus, rasen durchs Herz, sausen durch die Lunge und huschen durchs Gehirn.

Die Existenz von Neutrinos wurde 1930 von dem Physiker Wolfgang Pauli »postuliert«, um einige Ungereimtheiten bei radioaktiven Zerfallsprozessen erklären zu können. Bald gelang es, die Eigenschaften des hypothetischen Teilchens genauestens zu berechnen. Es stellte sich heraus, dass das Neutrino eher einem Geisterteilchen als einer realen Existenz gleicht, und Pauli bekannte zerknirscht: »Ich habe etwas Schreckliches getan: Ich habe ein Teilchen vorausgesagt, das nicht nachgewiesen werden kann.«

52 Wolfgang Pauli »erfand« das Neutrino – 25 Jahre, bevor es experimentell nachgewiesen wurde.

Zum Glück irrte er. In den vierziger Jahren entstanden die ersten Kernreaktoren, und sie erzeugten einen so starken Neutrinofluss, dass ein Nachweis in den Bereich der Möglichkeit rückte. 1956 gelang es Frederick Reines und Clyde Cowan, am Savannah River Reaktor in den USA Neutrinos nachzuweisen. Aus dem Fluss von Milliarden und Abermilliarden Neutrinos löste ein knappes Dutzend dieser Teilchen in ihrem Nachweisgerät ein Signal aus.

Frederick Reines erhielt dafür den Nobelpreis für Physik. »Mit dieser Großtat, die ans Unmögliche zu grenzen schien«, heißt es in der Nobelpreis-Begründung, sei es Reines und seinem inzwischen verstorbenen Mitforscher Cowan gelungen, das Neutrino »aus einem Zustand als Phantasiefigur zu befreien und seine Existenz als real existierendes Teilchen zu beweisen«.

Was macht das Neutrino so interessant für die Astronomie? Was soll uns ein Teilchen nützen, das nur sporadisch mit irgendetwas in Wechselwirkung tritt?

Paradoxerweise ist es gerade die zuletzt erwähnte Eigenschaft, mit der sich das Neutrino als kosmischer Bote empfiehlt. Teilchen, die kaum aufspürbar sind, können nämlich ungehindert auch die dicksten Materieschichten durchdringen. Sie erreichen uns aus Regionen des Kosmos, von denen nie ein Lichtstrahl zu uns dringen kann. Sie können uns Kunde vom Innern der Sonne geben, von dort, wo die Kernreaktionen ablaufen, aus denen unser Zentralgestirn seine Energie bezieht. Sie fliegen Tausende Lichtjahre durch das kompakte Zentrum unserer Galaxis hindurch. Und sie entweichen sogar aus den kosmischen Höllen, die sich im Innern von so genannten aktiven Galaxien befinden, jenen Orten im Universum, an denen es zu den gewaltigsten Energieausbrüchen kommt, die es überhaupt geben mag.

Neutrinos sind also ideale kosmische Boten aus Regionen, die uns mittels Licht nicht zugänglich sind. Vereinfacht könnte man sagen: Was der Röntgenstrahl für den Mediziner, das ist das Neutrino für den Astrophysiker.

MOSKAU 1987: NEUTRINOS VON DER SUPERNOVA

Im August 1987, knapp sechs Monate nach der Entdeckung von SN 1987A, fand in Moskau die 20. Internationale Konferenz für Kosmische Strahlung statt. Im Mittelpunkt der Tagung stand die Supernova SN 1987A.

Kaum war die Nachricht von der Explosion bekannt geworden, hatten mehrere Forschergruppen ein intensives Suchprogramm begonnen. Diese Gruppen betrieben in tiefen Erzminen oder in Seitenstollen von Autobahntunneln Nachweisgeräte für Neutrinos. Will man nämlich kosmische Neutrinos nachweisen, dann muss sich das Gerät (der Detektor, wie es in der Fachsprache heißt) tief unter der Erde befinden, damit die »gewöhnliche« kosmische Strahlung weitgehend abgeschirmt wird. An der Erdoberfläche, unter dem permanenten Bombardement durch die normale kosmische Strahlung, würde der Nachweis der seltenen Neutrinoreaktionen der Suche nach der Nadel im Heuhaufen gleichen.

Die Physiker durchforsteten ihre Magnetbänder mit den vom Computer erfassten Messdaten des 23. Februar nach irgendetwas

Ungewöhnlichem. Und sie wurden fündig. Zwei Gruppen meldeten eindeutige Signale: In einem unterirdischen Wassertank in Japan waren zwölf winzige Lichtblitze registriert worden, die mit an Sicherheit grenzender Wahrscheinlichkeit auf zwölf Reaktionen von Neutrinos aus der Supernova zurückzuführen waren. Das Resultat wurde durch die Beobachtung von acht Reaktionen in einem ähnlichen Wassertank nahe Cleveland, USA, erhärtet. Eine russische Gruppe, die einen Neutrinodetektor in Kaukasus betrieb, meldete drei Signale. Alle diese Signale waren am 23. Februar um 7.35 Uhr registriert worden, also etwa zwei Stunden vor Eintreffen des Lichtsignals. Aus Anzahl und Energie der Neutrinos konnte man auf die Temperatur des kollabierten Sternkernes sowie auf die durch Neutrinos freigesetzte Energie schließen. Erstmalig konnte man auf diese Weise die Vorstellungen über den Gravitationskollaps bestätigen, die man aus dem Studium von Supernovahüllen und Modellrechnungen gewonnen hatte. Demnach herrschten in SN 1987A Temperaturen von 30 bis 50 Milliarden Grad (zweitausendmal so viel wie im Zentrum der Sonne), und die gesamte durch Neutrinos freigesetzte Energie belief sich auf das Billionenfache dessen, was unsere Sonne in einem Jahr ausstrahlt.

1987 darf mit Fug und Recht als das Geburtsjahr der Neutrinoastronomie bezeichnet werden. Die Diskussionen, die in Moskau um die spektakuläre Entdeckung der Supernova-Neutrinos entbrannten, bestärkten mich in meinem Wunsch, zukünftig auf diesem Gebiet zu arbeiten. Eines der ausgefallensten Experimente auf diesem Gebiet wurde im Baikal-See vorbereitet. Und darum stieg ich acht Monate nach der Moskauer Konferenz in Irkutsk in den besagten Kleinbus, der mich zum Ort dieses Experimentes bringen sollte.

KILOMETER-106

Von Irkutsk zum Baikal-See sind es etwa 70 Kilometer. Die schmale Asphaltstraße, die sich durch hügeliges Gelände windet, endet in Listvyanka, der Siedlung am Ausfluss der Angara aus dem Baikal-

53 *Das Eislager: Container und Winden auf der winterlichen Eisdecke, darunter 1366 Meter Wasser.*

See. Von hier aus hat man zwei Möglichkeiten, am Ufer zur südlichen Spitze des Sees entlangzufahren.

Im Sommer setzt man über die Angara nach Port Baikal auf der anderen Seite über und steigt dort in einen Kurzzug, der zweimal am Tag verkehrt – auf einem Sackgassengleis, das von Südwesten kommend in Port Baikal endet.

Im Winter empfiehlt sich der direkte Weg über das Eis. Der südliche Teil des Baikal friert im Allgemeinen im Januar zu. Ab Februar kann man mit schwerer Technik auf das Eis. Wir wählten natürlich den Eisweg. Unser Kleinbus war etwa einen Kilometer über Listvyanka hinaus am Ufer weitergefahren, um Abstand von der unberechenbaren Eisdecke nahe der Angara zu gewinnen. An einer von vielen Rädern zerwühlten Abfahrt zum Ufer stiegen wir aus, und der Fahrer fuhr mit dem leeren Fahrzeug über einige bedenklich krachende Schollenfelder auf das glatte Eis. Dort kletterten wir wieder in unser Gefährt, das nun nach einem großen respektvollen Bogen um den Angara-Ausfluss herum das Nordufer entlangfuhr.

Für die meisten Siedlungen oder Häuser entlang des Ufergleises hat es zu einem richtigen Namen nicht gereicht. Der Flecken am Ort des Neutrinoexperiments heißt Kilometer-106. Nach einer knapp einstündigen Fahrt über das Eis zeichnete sich vor uns, vier Kilometer vom Ufer entfernt, eine Ansammlung von schwarzen Punkten ab, die sich beim Näherkommen als »das Lager« entpuppten: ein knappes Dutzend Mess- und Wohncontainer auf Schlittenkufen. Der Kleinbus bog jetzt zum Ufer ab und näherte sich in schneller Fahrt der Siedlung Kilometer-106, deren Häuser sich hinter den hohen Bahndamm duckten. Mit heulendem Motor und rutschenden Rädern quälte sich der Bus wenige Minuten später die Ufersteigung hinauf und hielt vor einem Holzhaus. Wir stiegen, steif vor Kälte, aus unserem Gefährt und wurden über einige glatt gefrorene Stufen und durch einen dunklen Windfang in eine geräumige Küche geführt. An einem großen Tisch saßen einige martialisch aussehende Gestalten in Wattejacken und dicken Filzstiefeln, tranken Tee und rauchten. Bei unserem Eintritt erhob sich einer von ihnen, nahm die Papyrossy – eine typisch russische Zigarette mit Pappmundstück – aus dem Mund und hieß uns willkommen. Es war Grigorij Vladimirovitch Domogatsky, Leiter des Baikal-Experiments. Wir stellten uns dankbar für die Wärme an einen riesigen Herd und schlürften genussvoll den heißen Tee, den er uns anbot.

Kilometer-106 umfasst neben dem geräumigen Holzhaus, in dem wir uns nach unserer Ankunft befanden, eine Reihe von Blechbaracken und Containern. Auf einer Wiese, die sich talaufwärts erstreckt, sind einige Holzschuppen auf Eisenbahnbohlen aufgebockt. Darin können jeweils vier Mann hausen. Bei diesem ersten Besuch wohnten mein Kollege Wolfgang Lange und ich jedoch in einem Container auf dem Eis.

Das Eislager besteht aus einer Ansammlung von Metall-Containern, Winden und riesigen Kabeltrommeln. Die Container sind eine Militärentwicklung und hermetisch gegen die Außenwelt isoliert – gegen Temperaturen ebenso wie gegen Giftgase. Im gestelzten Amtsrussisch heißen sie Kusov Universalnyi Germetitsheskij (»Universeller Hermetischer Behälter«), kurz KUNG. Wolfgang und

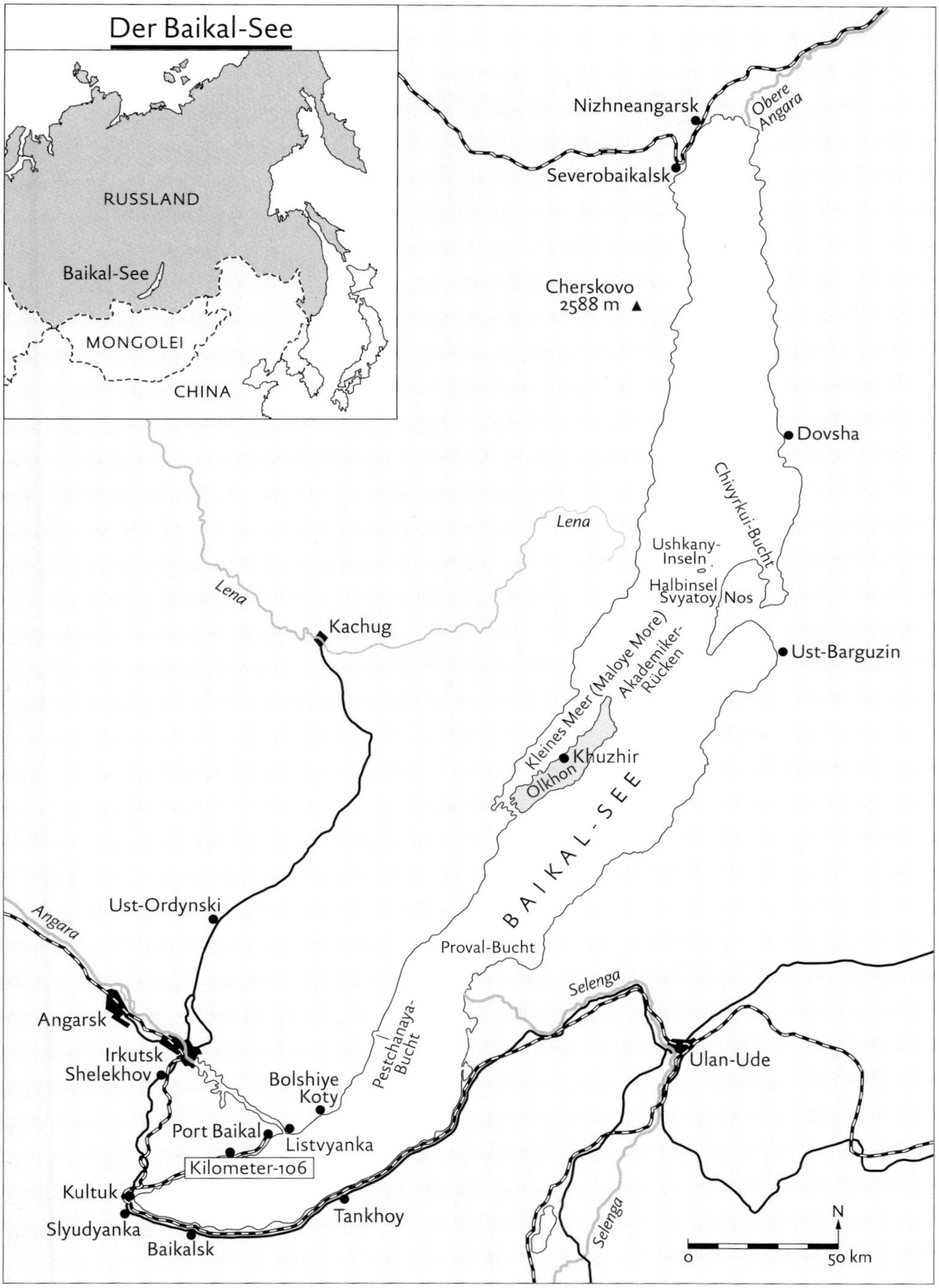
Der Baikal-See
RUSSLAND
Baikal-See
MONGOLEI
CHINA
Nizhneangarsk
Obere Angara
Severobaikalsk
Cherskovo
2588 m
Dovsha
Chivyrkui-Bucht
Lena
Ushkany-
Inseln
Halbinsel
Svyatoy Nos
Lena
Kachug
Ust-Barguzin
Kleines Meer (Maloye More)
Akademiker-
Rücken
Khuzhir
Olkhon
BAIKAL-SEE
Ust-Ordynski
Angara
Proval-Bucht
Selenga
Angarsk
Pestchanaya-
Bucht
Irkutsk
Shelekhov
Ulan-Ude
Bolshiye
Koty
Port Baikal
Listvyanka
Kilometer-106
Kultuk
Tankhoy
Slyudyanka
Baikalsk
Selenga
N
0
50 km

54 Zwei Glaskugeln mit Photomultipliern versinken im eisigen Wasser.

ich bekamen einen KUNG zugewiesen, in dem zwei Bettgestelle mit Matratzen und Bettwäsche, ein Metalltisch mit einer Teekanne und einer Waschschüssel sowie mehrere kapitale Heizkörper standen. Andere Container beherbergen Elektronik-Aufbauten und Computer, mit denen die Messwerte der Unterwasserinstrumente verarbeitet werden. In einer etwas größeren Metallhütte steht ein Dieselgenerator, der die Eisstation mit Strom versorgt.

Auf dem Eis ist es merklich kälter als am Ufer. Noch im März fallen die nächtlichen Temperaturen häufig unter -25 Grad. Auf den Eisenbolzen, mit denen die hölzernen Dielen der KUNGs an das äußere Gehäuse geschraubt sind, setzt sich dann im Innern des Containers eine dicke Reifschicht ab. Trotz der guten Isolierung ist es morgens auch im KUNG kaum wärmer als plus fünf Grad. Dann aber kommt die Sonne und wärmt innerhalb von ein, zwei Stunden alles auf komfortable Temperaturen auf.

Der Baikal ist unter dem Lager 1366 Meter tief. Der Seegrund, der vom Ufer her zunächst steil abfällt, bildet hier eine Art Plateau. In etwa ein Kilometer Tiefe hängen an einem regenschirmartigen Gestell Kabeltrossen, an denen medizinballgroße Glaskugeln wie an einer Perlschnur aufgereiht sind. In den Glaskugeln sind hoch empfindliche Lichtsensoren untergebracht. Dieses seltsame Gebilde ist ein Neutrinoteleskop.

WIE FÄNGT MAN NEUTRINOS?

Die Neutrinos, nach denen das Baikal-Teleskop fahndet, haben hunderttausendmal höhere Energien als jene von Sonne und Supernova. Wenn ein energetisches Neutrino mit einem Atomkern zusammenprallt, verwandelt es sich häufig in ein Myon, eine Art schweres Elektron. Dieses Myon übernimmt den größten Teil der Energie des Neutrinos und rast in annähernd gleicher Richtung weiter. Wenn man das Myon registriert und seine Richtung bestimmt, dann kennt man also auch die Richtung, aus der das Neutrino gekommen ist. Damit hat man ein Teleskop gebaut – in diesem Falle nicht für Licht, sondern für Neutrinos. Ein Neutrinoteleskop.

Neutrinoteleskope, die nach diesem Prinzip funktionieren, sind schon seit vielen Jahren in Betrieb. Sie haben nach Myonen gesucht, die den Detektor *von unten* kommend durchlaufen. Solche Myonen können nur aus Neutrinoreaktionen stammen, denn kein anderes Teilchen außer dem Neutrino könnte den ganzen Erdball durchqueren. Tatsächlich hat man auch viele Hundert Myonen aus Neutrinoreaktionen aufgezeichnet. Leider kommen sie nicht bevorzugt aus bestimmten Richtungen, wie man es erwarten würde, wenn sie von extraterrestrischen Quellen stammen, die am Himmel nur einen winzig kleinen Fleck darstellen. Nein, die bis jetzt nachgewiesenen Neutrinos kommen fast gleichmäßig verteilt aus allen Richtungen. Es sind zum größten Teil keine extraterrestrischen Neutrinos, sondern solche, die durch die normale kosmische

Strahlung beim Auftreffen auf die Erdatmosphäre erzeugt worden sind; in diesem Fall auf die Atmosphäre auf der anderen Seite der Erdkugel (denn man schaut ja nur auf Myonen, die von unten kommen). Man nennt diese Neutrinos kurz atmosphärische Neutrinos.

Der Grund dafür, dass man »nichts« sieht, sind die gewaltigen Abstände der Quellen, die – vielleicht – hochenergetische Neutrinos erzeugen. Die nächsten Fixsterne sind einige Lichtjahre entfernt, also viel weiter als die Sonne, von der das Licht nur acht Minuten und nicht einige Jahre benötigt, um zu uns zu gelangen. Aber noch viel weiter ist es bis zu jenen exotischen Objekten, um die es uns geht: Doppelsternsysteme, das Zentrum unserer Galaxis, schwarze Löcher oder aktive Galaxien, die gewaltige »Jets« von Materie in den Raum feuern. Von den Riesenschleudern, die das Universum hervorgebracht hat, trennen uns – zum Glück – gewaltige Zwischenräume: Die kosmischen Höllen sind ungefährlich weit weg. Doch genau darum sind auch die Flüsse der von dort bei uns eintreffenden Neutrinos so gering, dass man sie mit den kleinen unterirdischen Detektoren nicht nachweisen kann. Viel zu selten verfängt sich in einem Detektor von einigen hundert Kubikmetern Volumen eines der seltenen hochenergetischen Neutrinos, als dass man in akzeptablen Zeiten einige Reaktionen sammeln könnte.

Deshalb also muss man größere Detektoren bauen, Teilchenfallen, die in keinen Tunnel passen würden. Man geht dazu tief ins Wasser oder ins Eis, dorthin, wo es keine begrenzenden Wände gibt. Wieder versucht man, die Myonen aus den Neutrinoreaktionen nachzuweisen. Wenn ein Myon durch Wasser oder Eis fliegt, zieht es einen Lichtkegel hinter sich her, vergleichbar mit dem Überschallkegel eines Düsenflugzeugs. Dieses schwache bläuliche Leuchten, nach seinem Entdecker Cherenkov-Licht genannt, muss man aufzeichnen.

Unterwasser-Neutrinoteleskope bestehen aus einer Vielzahl von Lichtsensoren, die auch noch winzigste Lichtblitze in elektrische Signale umwandeln können. Man nennt solche Sensoren Photomultiplier, zu Deutsch Lichtvervielfacher. Die Photomultiplier sitzen in druckfesten Glaskugeln, die gitterförmig ein großes Volumen überspannen. Sie registrieren Stärke und Ankunftszeit des Lichtblitzes. Besonders die Zeitdaten, die auf wenige Milliardstel Sekunden genau gemessen werden, sind für die Richtungsbestimmung wichtig. Ein Computer vergleicht die Ankunftszeiten der Lichtblitze an den verschiedenen Photomultipliern und berechnet daraus die Lage des Lichtkegels im Raum. Aus der Lage des Lichtkegels erhält man die Bahn des Myons, und aus dieser die Richtung des Neutrinos.

WARUM ZUM BAIKAL-SEE?

Der endgültigen Entscheidung für eine Beteiligung am Baikal-Experiment war eine fast zweijährige Erkundungsphase vorausgegangen. Das Institut für Hochenergiephysik in Zeuthen, an dem ich arbeitete, hatte sich 1986 über mehr als zwei Jahrzehnte ausschließlich mit der Erforschung von Elementarteilchen an Partikel-Beschleunigern beschäftigt. In diesem Jahr begannen wir ernsthaft, uns über die Teilnahme an Experimenten *ohne* Zuhilfenahme von Beschleunigern den Kopf zu zerbrechen.

Die Entscheidung für das Baikal-Experiment hatte mehrere Gründe. Die Hoffnungen, die in die Neutrinoastronomie gesetzt wurden, hatten durch die Supernova 1987A frische Nahrung erhalten. Das Baikal-Experiment entsprach darüber hinaus am ehesten den Fähigkeiten, die mein Kollege Ralf Wischnewski und ich selbst – wir bildeten den Kern der Nichtbeschleuniger-Gruppe – einbringen konnten. Und schließlich erschien uns die Thematik selbst verlockender als die der Alternativprojekte, die sich häufig durch eine sehr spezialisierte Fragestellung auszeichneten. Die Teleskope für hochenergetische Neutrinos dagegen sollten ein völlig neues Fenster zum Universum aufstoßen – und nichts lag näher als anzunehmen, dass auch hier so sensationelle Überraschungen, wie man sie bei den ersten Radio- oder Röntgenteleskopen erlebt hatte, ins

Haus stehen würden. Die Unbestimmtheit des Erfolges macht das Gebiet eher spannender. Anfang der achtziger Jahre hatten Physiker aus mehreren russischen Instituten begonnen, die Realisierungschancen für ein Neutrinoteleskop im Baikal-See auszutesten. Das kristallklare Wasser des sibirischen Sees bietet optisch gute Möglichkeiten, die Cherenkov-Blitze über große Entfernungen nachweisen zu können. Die Tiefe des Sees ist wichtig, um die von oben kommenden Myonen weitgehend abzuschirmen. Der Knalleffekt ist jedoch das Eis, das den See in jedem Jahr von Februar bis Anfang April mit einer Dicke von bis zu einem Meter überzieht. Es bietet eine ideale Plattform, von der aus man den Detektor in die Tiefe lassen kann. Die Leitung des Unternehmens war Grigorij Domogatsky vom Moskauer Institut für Kernphysik angetragen worden.

Manchmal spielen bei der Entscheidung für ein Experiment menschliche Faktoren eine fast ebenso große Rolle wie die rein wissenschaftlichen. So war es auch hier. Ralf Wischnewski und ich waren beeindruckt von Domogatskys Persönlichkeit, seiner wohl überlegten, bedachten Art und der Beharrlichkeit, mit der er sein Projekt allen Widrigkeiten zum Trotz vorantrieb. Der Funke zwischen ihm und uns sprang schnell über und lieferte einen zusätzlichen Grund, in das Baikal-Projekt einzusteigen. Nach meiner ersten Erkundungsreise zum Baikal-See im Frühjahr 1988 und nach weiteren Arbeitsbesuchen von Ralf und mir unterzeichneten die Direktoren der Institute in Moskau und Zeuthen im Frühjahr 1989 einen »Vertrag über die wissenschaftliche Zusammenarbeit zum Unterwassernachweis von Myonen und Neutrinos am Baikalsee«. Diese vertragliche Bindung wurde von dem renommierten Großforschungszentrum DESY, zu dem das Zeuthener Institut seit 1992 gehört, übernommen und fortgeführt.

ARBEIT AUF DEM EIS

Nach dem Frühstück, das die meisten in ihren Hütten und Containern selbst bereiten, geht es an die Arbeit. Der größte Teil der

Mitarbeiter fährt aufs Eis. Zu Beginn der Saison werden dort über dem Standort des Neutrinoteleskops große Löcher ins Eis gehackt, durch die das Gerät bis dicht unter die Eisfläche gezogen wird.

Das Teleskop befindet sich in etwa einem Kilometer Tiefe. Es besteht aus einem Gestell mit sieben jeweils zwanzig Meter langen Trägerarmen. An den Enden dieser Arme und im Zentrum hängen acht Kabeltrossen, die die Photomultiplier tragen. Diese empfindlichen Sensoren sind in druckfesten Glaskugeln untergebracht und paarweise, mit vertikalen Abständen von fünf bis sieben Metern zwischen den Paaren, angeordnet. Das Gebilde wird durch ein ausgeklügeltes System von Auftriebskörpern in der Balance gehalten. Gewichte auf dem Grunde des Sees, an den unteren Trossenenden, verhindern, dass die ganze Konstruktion nach oben fortschwebt. Vom Teleskop führt eine Kabeltrosse aufwärts und endet etwa zwanzig Meter unter der Wasseroberfläche an einem Bündel von Bojen.

Zum Hochholen des Teleskops lässt man ein Stahlseil durch ein großes Eisloch. Das Seil sinkt herab und legt sich wie ein Lasso in einer riesigen Schlaufe um die Boje.

55 Mit einer riesigen Kreisfräse wird ein Spalt in das Eis gezogen, um das Datenkabel zum Ufer verlegen zu können.

Dann zieht eine kräftige Winde die schwere Teleskopapparatur nach oben. Dort werden die unterschiedlichen Kabel auf die Oberfläche gezogen und entkoppelt. Einige besonders dicke Kabeltrossen führen wieder zum Seegrund hinab und auf dem Grund entlang bis hinüber zum Ufer. Über diese Kabel wird das Teleskop das ganze Jahr über mit Strom versorgt, und gleichzeitig werden die Daten zum Ufer transportiert.

Nachdem alle Kabel losgestöpselt sind, werden Kugeln, bei denen im Verlaufe des Jahres irgendeine Komponente »ausgestiegen« ist, nach oben gehievt und durch neue oder reparierte Komponenten ausgetauscht.

Über die Jahre hinweg hat sich eine Kernmannschaft von Spezialisten gebildet, die mit fast schlafwandlerischer Sicherheit die Montagearbeiten durchführen. Trotzdem wächst sich auch diese Tätigkeit häufig zu tagelangen Kämpfen mit den Tücken der Natur wie auch der Technik aus, die nur durch eiserne Kondition, gepaart mit Erfindungsreichtum und Improvisationstalent, zu gewinnen sind.

Neben der Montage gibt es eine Vielzahl von anderen Arbeiten, die einen unterschiedlichen Qualifikationsgrad erfordern. Erstbesucher des Sees werden mit Vorliebe zum Hacken der Eislöcher eingesetzt. Man bekommt eine große Pike und eine Schaufel in die Hand gedrückt und kann dann bis zur Erschöpfung eines der quadratmetergroßen Löcher in das dicke Eis hauen. Andere bedienen die Winden oder lassen Sonden zur Messung der Wassereigenschaften in die Tiefe. Der Arbeitstag wird durch das Mittagessen am Ufer unterbrochen, zu dem man von einem LKW abgeholt wird. Er endet im Allgemeinen erst mit dem Einfall der Dunkelheit. Die Abende werden für Besprechungen oder Arbeiten im Uferzentrum genutzt. Gelegentlich klingen sie mit einem Gelage aus, bei dem eine Gitarre und traurige russische Lieder eine ähnlich wichtige Rolle spielen können wie Wodka, der in erheblichen Mengen aus großen Tassen getrunken wird.

EIN OPFER FÜR BURKHAN

Ende März wird es warm. Am Tage steigt das Thermometer über null, die Sonne prallt unbarmherzig auf den See. Unter der Last der Winden und KUNGs biegt sich die weicher werdende Eisdecke nach unten. Schließlich kommt der Tag, an dem das Schmelzwasser nicht mehr in Pfützen stehen bleibt, sondern durch das porös gewordene Eis nach unten abfließt – für gewöhnlich Anfang April. Jetzt ist höchste Eile geboten. Noch ein, zwei Tage, und die weiche Eisschicht kann unter der Last der schweren Technik absacken.

Wenn das Teleskop schließlich herabgelassen ist und alle Kabelverbindungen zum Ufer gesteckt sind, wenn nur noch ein einsamer Strick aus dem Loch guckt, der mit der oberen Boje verknüpft ist und in wenigen Minuten abgeschnitten sein wird, wenn man wirklich nur noch beten und hoffen kann, dass alles funktioniert – dann versammeln sich die Expeditionsteilnehmer um das Loch und bringen Burkhan, dem Baikal-Gott, ein Opfer dar. Egal ob Atheist, Christ oder Buddhist, sie treten nacheinander an das Loch, lassen sich ein kleines Gläschen Wodka einschenken, gießen ein paar Tropfen in den See und trinken den Rest dann ernst und ohne Witze zu machen aus. Wenn jetzt eine zentrale Komponente des Teleskops ausfiele, zum Beispiel die Datenübertragung, so wären zwei Monate harter Arbeit vergebens und das Teleskop würde ein ganzes Jahr lang nutzlos und tot in der Tiefe hängen. Trotz vieler Ausfälle hat es aber bisher noch nie eine wirklich zentrale Komponente getroffen – Burkhan hat uns erhört ... Nach dieser Zeremonie geht man zu Fuß ans Ufer. Die letzte Winde wird vom Eis gezogen. Am selben oder am nächsten Tag fahren die meisten ab. Nur eine kleine Schar im Uferzentrum bleibt zurück und nimmt über das lange Seekabel das Teleskop in Betrieb, schaltet alle Elektronikkomponenten ein, überprüft die Information, die das Gerät zum Ufer schickt, auf mögliche Fehler und beginnt die ersten physikalisch verwertbaren Daten zu nehmen. Wenn alles stabil läuft, bleiben als Besatzung nur zwei Leute am See, die die erste Schicht bilden.

HIGHTECH IN DER WILDNIS

Inmitten der bröckelnden russischen Wirtschaft schienen technische Innovationen mit Beteiligung kommerzieller Betriebe nahezu unmöglich. Uns gelangen aber allen äußeren Misslichkeiten zum Trotz gleich mehrere solcher Neuentwicklungen. Die eine betraf die Unterwasserstecker.

Die Geschichte des Baikal-Experiments in den achtziger Jahren war – unter anderem – auch eine Geschichte permanent undichter Stecker. Immer wieder kam es zu elektrischen Kurzschlüssen, weil Wasser in die Stecker und Kugeln drang. Nachdem die DESY-Gruppe 1991 kommerzielle Stecker aus den USA eingesetzt hatte, entwickelten unsere Moskauer Kollegen eine vereinfachte Variante dieser Stecker, die mit den in Russland verfügbaren Materialien hergestellt werden konnte. Weit über tausend solcher Stecker und die entsprechenden wasserdichten Durchführungen sind seitdem ohne Havarien im Einsatz. Wie bemerkenswert dieser Erfolg ist, wird deutlich, wenn man das Schicksal von DUMAND betrachtet. DUMAND (Deep Underwater Muon And Neutrino Detector) war das damalige, technologisch vermeintlich haushoch überlegene amerikanische Konkurrenzprojekt zu unserem Baikal-Experiment. Der Detektor sollte vor Hawaii im Pazifik in vier Kilometer Tiefe installiert werden. Nachdem die Amerikaner ihren ursprünglichen Fahrplan aber um mehr als fünf Jahre überzogen hatten, scheiterten sie in der entscheidenden Installationsphase schließlich an undichten Steckern. Das Experiment wurde 1996 eingestellt.

Die bemerkenswerteste technische Entwicklung ist der Photomultiplier des Baikal-Experiments, der auf den einprägsamen Namen QUASAR getauft wurde. Bei Unterwasserteleskopen sind drei Eigenschaften der Photomultiplier wichtig: Sie müssen zum einen sehr groß sein, um möglichst viel Licht einzufangen; sie müssen einen möglichst großen Winkelbereich erfassen; und sie müssen schließlich die Ankunftszeit der einzelnen Lichtteilchen auf ein bis zwei Milliardstel Sekunden genau bestimmen. Diese drei

56 *Die Wissenschaftler werfen einen letzten prüfenden Blick auf die Photomultiplier, ehe die Kugeln versenkt werden.*

Forderungen sind schwer gleichzeitig zu erfüllen. Unserem burjatischen Kollegen Bajarto Lubsandorzhiev gelang aber das Kunststück. In Zusammenarbeit mit einem Novosibirsker Werk entwickelte er einen Photomultiplier, der alle drei Bedingungen erfüllt: den QUASAR. Bajartos kapriziöses Hightech-Produkt übertrifft in fast allen Parametern ähnliche Entwicklungen aus Japan und Europa.

Zu den Entwicklungen der DESY-Gruppe zählt ein »Eich-Laser«. Die Zeiten, die von den QUASARen gemessen werden, müssen miteinander auf eine Milliardstel Sekunde genau abgeglichen – »geeicht« – werden. Das geschieht, indem man alle QUASARe gleichzeitig mit einem extrem kurzen Lichtblitz beschießt. Dieser Blitz wird durch einen Laser erzeugt, der direkt über dem Teleskop hängt, etwa zwanzig Meter über den obersten Glaskugeln, und in einem druckfesten Glaszylinder untergebracht ist. Daneben bauten wir eine Anordnung

57 Zwanzig Stecker führen in eine Kugel mit Steuerelektronik, die ein Jahr in den Tiefen des Sees hängen wird. Kein Wunder, sondern inzwischen Routine: alle Anschlüsse bleiben wasserdicht!

kleiner, parallel arbeitender Mikroprozessoren, die alle in der Uferstation ankommenden Informationshäppchen ordnen und für die Weiterverarbeitung durch Personalcomputer aufbereiten. Ralf Wischnewski schrieb ein umfangreiches Programmpaket, mit dem sich der Zustand des Baikal-Teleskops zu jedem Moment genauestens abfragen lässt. Unser Computer-Pool in der unscheinbaren Holzhütte der Siedlung Kilometer-106 war damals sicher die leistungsfähigste Rechner-Ballung im Umkreis von tausend Kilometern. Und seit 1996 können wir sogar über eine direkte Satellitenverbindung von Zeuthen und Moskau aus auf die Computer zugreifen und das Teleskop steuern.

DAS DREI-TROSSEN-RENNEN

Noch einmal zurück ins Jahr 1988. Was damals in der Tiefe schwebte, war von einem Neutrinoteleskop noch weit entfernt – es waren

Testanordnungen aus relativ kleinen Photomultipliern. Der QUASAR befand sich gerade in einem frühen Entwicklungsstadium. Erst 1989 begannen zwei russische Kollegen und ich mit Simulationsrechnungen für ein Neutrinoteleskop aus etwa 200 Photomultipliern. Dieses Teleskop wurde dann später auf den Namen NT-200 getauft.

Es war klar, dass der Weg zu NT-200 nicht in einem Schritt zu bewältigen sein würde. Womit also beginnen? Wir nahmen uns vor, so bald wie möglich drei Trossen zu installieren, jede mit sechs QUASAR-Paaren.

Mit dem Ziel, drei Trossen zu installieren, waren wir nicht allein. Ebenso verbissen wie wir arbeiteten unter ihrem Projektleiter John Learned unsere Konkurrenten vor Hawaii an einem ähnlichen Plan. Seit 1991 war darüber hinaus noch eine andere Gruppe in das Rennen eingestiegen: Amerikanische und schwedische Physiker versuchten unter der Federführung von Francis Halzen, im antarktischen Eis ein Neutrinoteleskop zu installieren.

Die Ersten waren aber dann doch wir. Im Frühjahr 1993, genau zu dem Zeitpunkt, als das Eis begann, unter dem Gewicht unserer Winden nachzugeben, ließen wir unsere drei Trossen hinab. Der riesige Regenschirm mit 36 Photomultipliern, über denen leise surrend der Zeuthener Laser schwebte, wurde in der Tiefe verankert. Es war schon spät am Nachmittag. Wir brachten Burkhan das gewohnte Opfer dar, mit Gefühlen der Hoffnung, die diesmal noch nachdrücklicher waren als in den Jahren zuvor. Dann traten wir eilig den Weg zum Ufer an und drängelten uns in den Computerraum. Ralf und zwei russische Kollegen saßen vor den Bildschirmen und schlugen sich mit den ersten Daten herum, die der Detektor ans Ufer sendete. Trotz vieler kleiner unverstandener Effekte: Die unzähligen Bits fügten sich zu sinnvollen Resultaten. Das Teleskop arbeitete.

Zurückgekehrt nach Deutschland, schickte ich eine E-Mail mit der frohen Nachricht an Learned und Halzen. Beide freuten sich mit uns über den Erfolg, denn die quälend lange Entwicklungsphase der

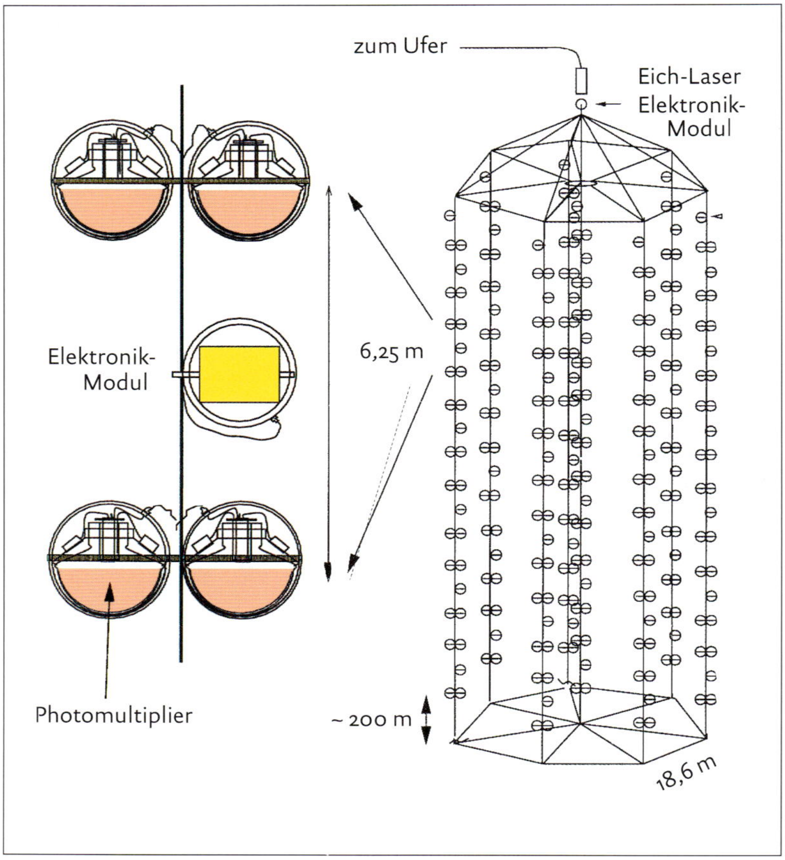

58 Ein Regenschirm mit Perlenschnüren (rechts): Das Neutrinoteleskop NT-200. Über 200 Glaskugeln mit Photomultipliern – den »Augen« des Teleskops –, mit Elektronik, und mit dem Zeuthener Eichlaser.

Unterwasserteleskope hatte bei vielen Geldgebern eine gewisse Skepsis bezüglich der prinzipiellen Realisierbarkeit dieser Detektoren aufkommen lassen. »Congratulations for winning the three string race!«, antwortete mir John Learned, und er hegte dabei die Hoffnung, dass unser Erfolg auch ihm ein weiteres Jahr Bewährungsfrist für sein Hawaii-Projekt geben würde. Keine vier Monate später hatten wir in Moskau wie in Zeuthen einige tausend Myonspuren rekonstruiert, die von oben auf das Teleskop trafen. Im Sommer wurden sie im CERN-Courier, dem Mitteilungsblatt der europäischen Teilchenphysiker, veröffentlicht.

DIE ERSTEN NEUTRINOS

Die Myonen, die wir rekonstruiert hatten, waren nicht auf Neutrinos zurückzuführen. Sie waren durch Stöße der kosmischen Strahlung in der Erdatmosphäre über dem Teleskop entstanden. Die Erdoberfläche ist einem permanenten Bombardement dieser Strahlung ausgesetzt, die zum größten Teil aus Protonen und Heliumkernen besteht. Unser Teleskop registriert etwa fünfzig solcher Myonen pro Sekunde. Die Neutrinos, die in der Atmosphäre entstehen, erzeugen bei ihren seltenen Reaktionen natürlich auch Myonen, die das Teleskop durchfliegen. Deren Zahl ist aber entmutigend klein: Es sind nur einige Hundert pro Jahr, also mehr als eine Million mal weniger als die direkt aus den atmosphärischen Lawinen stammenden Myonen. Wie schon erwähnt, akzeptiert man darum nur Myonen, die das Teleskop von unten treffen. Sie müssen zwangsläufig aus Reaktionen eines Teilchens stammen, das den Erdball durchqueren kann, und das einzige bekannte Teilchen, das dazu in der Lage ist, ist das Neutrino.

59 Zwei Kollegen vom DESY, dem Deutschen Elektronen Synchrotron, montieren den Laser.

Das hört sich einfach an, wirft aber in der Praxis viele Schwierigkeiten auf. Man muss nämlich mit fast absoluter Sicherheit zwischen oben und unten unterscheiden können. Wenn man sich einmal auf eine Million Fälle in der Richtung irrt, dann sammelt man etwa genauso viel fälschlich identifizierte wie wirkliche Neutrinoreaktionen. Unsere Kollegen auf Hawaii hatten es in diesem Punkt einfacher. Sie wollten in vier Kilometer Tiefe arbeiten, wohin hundertmal weniger Myonen herabdringen als in einen Kilometer Tiefe, und wurden nicht müde zu bezweifeln, dass unser Teleskop jemals eindeutig Neutrinos identifizieren könne. Das aber sollte sich als Irrtum herausstellen. Es dauerte zwar noch mehr als zwei Jahre, aber schließlich, am 9. November 1995, erreichte mich ein Fax von Domogatzky:

»Lieber Christian, zunächst das Interessanteste: Bei der Analyse der Daten von 1994 trotzt ein Ereignis kategorisch allen Tests, und es sieht sehr nach einem Neutrino aus. Natürlich möchte ich nicht entscheiden, ob wir dieses Ereignis als das erste klare Neutrino« – in einem Unterwasserdetektor – »deklarieren. Aber ein sehr neutrino-*ähnliches* Ereignis kann man es wohl nennen, und es scheint mir sehr wünschenswert, genau das in zwei oder drei Wochen einer genügend breiten Öffentlichkeit mitzuteilen.«

Tatsächlich waren es dann sogar zwei Neutrinos, die wir – eher unerwartet – mit dem eigentlich dafür viel zu kleinen Teildetektor und seinen nur 36 Photomultipliern identifizieren konnten. Kaum ein halbes Jahr später, im April 1996, begann ein Teildetektor aus 96 Photomultipliern zu arbeiten, und er lieferte dann schon zwölf klar nach oben laufende Myonen. Seit dem Frühjahr 1998 ist das vollständige Teleskop NT-200 installiert und nimmt nun schon das zweite Jahr Daten.

KOSMISCHE HÖLLEN AM RANDE DER WELT

Der Ursprung der kosmischen Strahlen gehört auch heute, 88 Jahre nach ihrer Entdeckung, immer noch zu den größten Rätseln der Astrophysik.

Wie schon erwähnt, treten die aus dem Kosmos kommenden »primären« Teilchen bei ihren Reaktionen in der oberen Atmosphäre regelrechte Lawinen von »sekundären« Teilchen los. Durch jeden Menschen fliegen etwa zwanzig solcher Teilchen pro Sekunde hindurch. Anders als die ätherischen Neutrinos ionisieren sie dabei

Atome und Moleküle und zerstören biologische Strukturen. Im Allgemeinen ist das Ergebnis dieser Umwandlung schlechter als der ursprüngliche Zustand. In einer verschwindend geringen Anzahl von Fällen ist das Resultat jedoch ein Fortschritt. Die Natur honoriert diesen Fortschritt manchmal mit einer besseren Überlebens- oder Fortpflanzungschance des betreffenden Individuums. Auf diese Weise tragen die kosmischen Strahlen zu jenem Wechselspiel aus Mutation und Selektion bei, mit dessen Hilfe die Evolution der belebten Natur abläuft. Der kosmische Teilchenregen ist über millionen Jahre hinweg ein Motor der Prozesse gewesen, die auch uns, die Menschen, hervorgebracht haben.

Bemerkenswert ist die schier unglaubliche Energie von einigen dieser Geschosse. Sie liegt etwa zehn Millionen mal höher als die höchste Energie, die Menschen in ihren ringförmigen Teilchenbeschleunigern, wie etwa dem in DESY, erreicht haben! Irgendwo im Kosmos laufen offenbar Prozesse ab, bei denen fantastische Energiemengen freigesetzt werden, und diese natürlichen Beschleuniger, die das Universum in seiner Milliarden Jahre währenden Geschichte hervorgebracht hat, stellen ihre irdischen Verwandten auf Schwindel erregende Weise in den Schatten.

Die Frage ist: *Wo* laufen diese Prozesse ab? Und *wie* laufen sie ab, das heißt, wie sind die Objekte beschaffen, in denen die Teilchen auf derart hohe Energien gejagt werden? Die Antwort auf diese Frage steht noch aus. Die geladenen kosmischen Teilchen werden nämlich beim Durchfliegen kosmischer Magnetfelder abgelenkt und verlieren damit die Information über ihre ursprüngliche Richtung. Darum wissen wir zwar, dass es sie gibt, aber wir wissen nicht, woher sie kommen. Eine Ortung der kosmischen Beschleuniger ist nur mit elektrisch neutralen Informationsträgern wie Photonen (Lichtteilchen) oder Neutrinos möglich, die sich geradlinig ausbreiten. Natürlich gibt es wohlbegründete Vermutungen über die gesuchten Objekte. Wahrscheinlich zählt das Innere so genannter aktiver Galaxien dazu, deren Zentralbereiche irgendwann einmal zu schwarzen Löchern kollabiert sind. Die Kerne der aktiven Galaxien sind hundert- oder tausendmal schwerer als der Kern unserer eigenen, vergleichsweise ruhigen Galaxis. Wie ein Mahlstrom saugen sie in einem riesigen Strudel Sterne und kosmischen Staub auf. Unvorstellbare Materiemengen »fallen« auf einer Spiralbahn auf das schwarze Loch zu, um schließlich auf immer darin zu verschwinden. Dabei heizt sich die Materie auf. Die Überhitzung treibt gewaltige Stoßwellen an, die sich durch das heiße Inferno nach außen fortpflanzen. An den Fronten dieser Wellen werden Teilchen in unzähligen Stößen auf immer höhere Energien beschleunigt, bis sie schließlich irgendwann einmal in die Leere des intergalaktischen Raumes entweichen.

Die Astrophysiker wissen nicht hundertprozentig, ob aktive Galaxien tatsächlich die dominante Quelle der höchstenergetischen kosmischen Strahlung sind. Wenn sie es aber sein sollten, dann – so die neuesten Berechnungen – sind die Neutrinoflüsse von dort wegen der gewaltigen Entfernung sehr gering. Nicht ausgeschlossen, dass einige Mini-Ausgaben dieser Energiemonster in unserer eigenen Galaxis eine bisher unbemerkte Existenz fristen und uns eines Tages mit einem Neutrinoausbruch überraschen. Wenn man jedoch die Jagd bei den höchsten Energien mit größerer Aussicht auf Erfolg führen will, dann muss man die Teleskope zehn- oder hundertmal größer bauen – ein Plan, der unter den gegenwärtigen Bedingungen in Russland kaum zu verwirklichen ist.

Allerdings wird selbst der gegenwärtige NT-200-Detektor noch für einige Jahre eine wichtige wissenschaftliche Rolle spielen. Sicherlich wäre die Entdeckung einer extraterrestrischen Neutrinoquelle ein eher unwahrscheinlicher Glücksfall – aber wer weiß? Immerhin können durch die *Nicht*beobachtung solcher Quellen einige womöglich zu optimistische Abschätzungen widerlegt werden. Damit wird die Palette der möglichen Hypothesen zur Erklärung der kosmischen Strahlung verkleinert. Insofern ist auch ein Nullresultat ein Erkenntnisgewinn.

Schwieriger wird es für das Baikal-Projekt, wenn gleichzeitig anderswo auf der Welt empfindlichere Teleskope entstehen. Dann muss man versuchen, für das kleinere Teleskop ausgewählte Felder zu finden, auf denen es mit den »Großen« konkurrieren kann. Tatsächlich gibt es inzwischen ein größeres Neutrinoteleskop als NT-200. Es ist das AMANDA-Teleskop am Südpol. Die DESY-Gruppe arbeitet seit 1995 auch an diesem Projekt mit, und inzwischen hat sich der Schwerpunkt unserer Aktivitäten vom Baikal-See in die Antarktis verlagert. Aber AMANDA kann ebenso wie NT-200 nur Neutrinos von unten eindeutig als solche identifizieren. »Unten« heißt bei NT-200 von Süden, bei AMANDA dagegen von Norden. AMANDA erforscht also den Nordhimmel, während das Baikal-Teleskop den Südhimmel im Visier hat. Beide Detektoren machen sich darum nicht gegenseitig überflüssig, sondern ergänzen einander.

DUNKLE MATERIE

Eines der Felder, auf denen das Baikal-Teleskop und der Antarktis-Detektor sich ebenfalls ergänzen können, ist die Suche nach dunkler Materie. Wir glauben heute aufgrund vielfältiger Befunde, dass der größte Teil des kosmischen Inventars nicht aus jener Materie besteht, aus der auch wir selbst zusammengesetzt sind – also nicht aus Protonen, Neutronen und Elektronen. Es scheint so, als wenn die leuchtenden Sterne und Galaxien in einem unsichtbaren See »dunkler« Materie schwimmen. Die dunkle Materie tritt nur schwach mit der normalen Materie in Wechselwirkung. Darin ist sie den Neutrinos ähnlich. Der größte Teil dieses geheimnisvollen Stoffs scheint aber im Vergleich zu Neutrinos sehr schwer zu sein. Darum nennt man die dazugehörigen Teilchen auch WIMPs (Weakly Interacting Massive Particles). WIMPs können aufgrund ihrer Masse von der Schwerkraft großer Himmelskörper eingefangen werden und bis in deren Mitte trudeln, dorthin, wo die Netto-Schwerkraft praktisch gleich Null ist. Auf diese Weise könnte sich auch im Zentrum der Erde ein dichter Schwarm von WIMPs angesammelt haben, der dort nahezu unbeeinflusst durch die normale Materie als unsichtbare Wolke schwebt. Gelegentlich stoßen zwei WIMPs zusammen und tun das, was ihnen bei den seltenen Reaktionen mit normaler Materie verwehrt ist: Sie zerfallen in zwei Bündel normaler Elementarteilchen, darunter auch Neutrinos. Wenn es die sagenhaften WIMPs gibt, dann müsste man bisweilen eines der Zerfall-Neutrinos aus der Richtung des Erdzentrums beobachten können.

Bisher hat man trotz sorgfältiger Suche noch keinen Neutrino-Überschuss aus dem Erdzentrum registriert. Empfindlicheren Neutrinoteleskopen als den bisher existierenden, die in Tunneln und Höhlen installiert waren, könnte der Nachweis vielleicht dennoch gelingen. Am Baikal-See und in der Antarktis suchen wir danach – allerdings auch hier bislang vergeblich. Das Baikal-Experiment hat dabei einen kleinen, vielleicht aber entscheidenden Vorteil vor dem Antarktis-Teleskop. AMANDA ist nämlich für geringe Energien blind und springt erst auf hoch energetische Myonen an. Da aber WIMPs, wenn sie nicht allzu schwer sind, bevorzugt Neutrinos geringer Energie aussenden, könnte NT-200 hier vielleicht die besseren Karten haben.

DAS NEUTRINOTELESKOP ALS HYDROLOGISCHES LABOR

Eine der anregenden Besonderheiten unseres Forschungsgebietes besteht darin, dass wir nicht in der kleinen, auf ein ganz begrenztes Forschungsziel zugeschnittenen Welt eines Laborraumes arbeiten, sondern in der offenen Natur. Wir unterliegen dem reizvollen Zwang, Naturwissenschaft im eigentlichen, breiten Sinne betreiben zu müssen. Manchmal spielt uns die Natur dabei Streiche, die wir erst langsam zu parieren lernen. So zum Beispiel, als wir zu Beginn der Experimente beobachteten, wie die alljährlichen Frühjahrsgewitter ihre Blitze haargenau auf unsere Metalltrossen lenkten, die senkrecht in dem kristallklaren See hingen. Der Grund dafür ist der ausgeprägte Mangel des Baikals an Mineralsalzen, die für eine gute elektrische

Leitfähigkeit vonnöten sind. Das salzarme Wasser ähnelt eher einem Isolator, und in diesem Isolator standen – einsamen Blitzableitern gleich – unsere Trossen. Man kann sich dagegen durch Sicherungsschaltungen schützen, aber Lehrgeld muss man zunächst doch zahlen.

Eine für viele Seen typische Erscheinung ist das feine Leuchten, das Algen, Bakterien und kleine Lebewesen aussenden. Man nennt dieses Leuchten Biolumineszenz. Auch abgestorbene Organismen senden während des Zerfallsprozesses Licht aus. Natürlich können unsere Photomultiplier dieses kaum wahrnehmbare Flimmern aufzeichnen. Und dabei stellt sich heraus, dass die Lichtblitze der Biolumineszenz uns ein völlig neues Forschungsgebiet eröffnen: die Untersuchung der Wasserströmungen in den Tiefen des Baikals.

Wenn zum Beispiel über dem Baikal ein Gewitter tobt und der Regen aus den vielen kleinen Bächen frisches organisches Material in den See spült, dann muss man nicht lange warten, bis die Photomultiplier beginnen, verrückt zu spielen. Nach zwei oder drei Tagen sind die absterbenden Organismen bis auf ein Kilometer Tiefe gesunken, wo sie die Zählraten der empfindlichen Sensoren auf Schwindel erregende Höhen treiben. Dann zeichnet jeder Photomultiplier bis zu einer Million Signale pro Sekunde auf. Manchmal gelangt die leuchtende Front auch schneller in große Tiefen, und zwar dann, wenn sie durch vertikale Wasserströmungen angetrieben wird. Aus der zeitlichen Verzögerung, mit der erst die oberen, dann die nächsten, übernächsten und schließlich auch die untersten Photomultiplier ansprechen, kann man auf die Geschwindigkeit schließen, mit der die Wolke das Teleskop durchquert.

Vertikale Wasserströmungen sind für den Baikal-See lebenswichtig. Sie transportieren Sauerstoff in die Tiefe und garantieren, dass auch auf dem Grund des Sees noch Leben existiert. Viele Seenkundler arbeiten an Strömungsmodellen, die den Wassertransport im Baikal-See erklären sollen. Unsere Messungen geben ihnen neue Resultate in die Hand, die ihre eigenen Daten ergänzen.

Wir nutzen nicht nur unsere ursprünglich dafür gar nicht vorgesehenen Photomultiplier für die Limnologie, sondern wir setzen auch die konventionellen Messgeräte der Wasserkundler ein. An unseren Trossen hängen lange Ketten mit Thermometern, die auf ein Tausendstel Grad genau messen, Geräte zur Bestimmung des Salzgehaltes und empfindliche Drucksensoren. Das Bassin vor Kilometer-106 und die einzigartige Möglichkeit, dort ganzjährig zu messen, locken inzwischen immer mehr Seenforscher an. Darunter sind auch Wissenschaftler aus anderen Ländern, die sich der Erkundung des Baikals verschrieben haben. Aus der Schweiz kommt nun schon zum zweiten Mal Michael Sturm, um dem See mit dem Instrumentarium des Umweltforschers zu Leibe zu rücken. Und Hedwig Oberhänsli vom Geoforschungszentrum Potsdam lässt durch die Eislöcher mit Hilfe unserer großen Winden ein sperriges Bohrgestänge in die Tiefe. Damit gewinnt sie Bohrkerne aus den Ablagerungen am Seegrund. Die Schichtungen verraten ihr etwas über das frühere Klima in diesem Teil Asiens.

QUO VADIS?

Am Baikal fällt der Abend ein. Die Sonne sendet ihre letzten Strahlen über die Landzunge südwestlich von Kilometer-106. Bald wird der klare Himmel mit Sternen übersät sein. Wenn man dann nach oben blickt, kann man seine Gedanken vom See zu den fernen Welten schweifen lassen, die wir durch unsere Arbeit verstehen wollen. Die lebensfeindliche, eiskalte Leere, in deren Weite unsere Erde treibt, hat uns selbst, den Menschen, hervorgebracht. Niemand kann schlüssig sagen, ob das Zufall oder Notwendigkeit war. Aber wir sind nun einmal da und können die Frage nach unserem Woher und unserem Wohin stellen. Wir können versuchen, den Ablauf der frühen Explosionen von Sternen zu ergründen, aus deren Asche wir selbst zum Teil bestehen. Wir können die Herkunft der kosmischen Strahlen erforschen, die mit am Rad der biologischen Evolution drehen; oder das Wesen der dunklen Materie, deren Schwerkraft es anscheinend überhaupt erst möglich gemacht hat, dass sich Galaxien zusammenklumpen konnten.

Es ist nicht klar, ob das Baikal-Teleskop im Konzert der künftigen großen Neutrinoanlagen eine Hauptrolle oder nur einen Nebenpart spielen wird. Die Baikal-Kollaboration hat eine Pionierleistung vollbracht. Auch für die nächsten zwei bis drei Jahre wird das größte Neutrinoteleskop auf der Nordhalbkugel der Erde noch NT-200 heißen. Und wie immer auch der weitere Weg aussehen mag, ob es weltweit ein oder zwei Super-Teleskope geben wird: der kleine Ort Kilometer-106 mit seinem unscheinbaren Holzhaus war ein markanter Schauplatz dieses Prozesses.

LITERATURHINWEISE

Bührke, Thomas: Geheimnisvolle Schattenwelt – Dunkle Materie im All. Stuttgart 1997.

Klapdor-Kleingrothaus, Volker / Zuber, Kai: Teilchenastrophysik. Stuttgart 1997.

Langner, Norbert: Leben und Sterben der Sterne. München 1995.

Lublinski, Jan: Himmelboten im Baikalsee. In: Bild der Wissenschaft 2 (2000), S. 26.

Physikalische Blätter 3 (2000), S. 37–65: Schwerpunktartikel zum Thema Astroteilchenphysik.

Spiering, Christian: Auf der Suche nach der Urkraft. Leipzig, Frankfurt am Main 1986.

Spiering, Christian: Das Neutrinoteleskop im ewigen Eis. In: Physik in unserer Zeit 2 (2000), S. 56.

Spiering, Christian: Neutrinoteleskope unter Wasser. In: Physikalische Blätter 49 (1993), S. 871.

Sutton, Christine: Raumschiff Neutrino – Die Geschichte eines Elementarteilchens. Basel, Boston, Berlin 1994.

Homepage der DESY-Neutrinogruppe: www.ifh.de/nuastro/

BAIKAL – LEBEN IM ÄLTESTEN SEE DER ERDE

Von Frank Riedel

Juli 1995. Am frühen Morgen treffe ich, aus Moskau kommend, im südostsibirischen Irkutsk ein. Am Flughafen wartet bereits ein Fahrzeug des Limnologischen Instituts der Akademie der Wissenschaften, meines Partnerinstituts, um mich zu meiner Unterkunft zu bringen. Mit deutlich überhöhter Geschwindigkeit überqueren wir den 1956 fertig gestellten Staudamm, um auf die westliche Seite der Angara zu gelangen. Durch diesen Fluss strömt das abfließende Baikal-Wasser, welches später von dem großen sibirischen Strom Jenissei aufgenommen und dann Richtung Norden in die arktische Kara-See transportiert wird. Der Fahrer liefert mich in dem Hotel ab, das in alten Zeiten ausschließlich als Gasthaus für Akademiker diente. In den folgenden Jahren sollte ich noch oft Station in diesem Hotel machen, das aus deutscher Sicht wohl besser als Absteige zu bezeichnen wäre, und mit der Zeit hat sich ein vertrautes Gefühl entwickelt – es ist ein wenig so, als würde man nach Hause kommen.

Mir bleibt nur wenig Zeit, mich nach dem anstrengenden Nachtflug etwas auszuruhen. Bald steht mein Mitarbeiter Peter Röpstorf vor der Zimmertür, der neben Biologie auch Slawistik studiert hat, im Gegensatz zu mir fließend Russisch spricht und damit die idealen Voraussetzungen für die erfolgreiche Durchführung unseres Forschungsprojekts mitbringt. »Wir müssen zu Nadia Cherepanova und die Expedition abklären«, drängt Peter. Zehn Minuten später sind wir auf dem Weg.

Das Gespräch mit Nadia, der Sekretärin für internationale Angelegenheiten des Limnologischen Instituts, verläuft mehr oder weniger normal; was bedeutet, dass wir uns, abwechselnd in russischer, englischer und deutscher Sprache, ein hartes, aber herzliches Gefecht über die Kosten unserer Forschungsexpedition liefern. Die

Charterkosten für das Forschungsschiff »Obruchev« sollen 350 US-Dollar pro Tag betragen. So viel Geld ist in unserem Forschungsetat nicht vorgesehen. Und außerdem gibt es ja auch eine Vorabsprache über 250 US-Dollar pro Tag.

»Frank«, sagt Nadia, »alles ist teurer geworden, und die Japaner zahlen auch 350 US-Dollar pro Tag.« Ich bin überzeugt, dass manche Leute auch noch mehr zahlen würden, um ihre Expedition durchführen zu können. Da Nadia hartnäckig bleibt, spricht Peter bei dem Direktor des Instituts vor, mit dem er die finanziellen Vorabsprachen getroffen hat. Als Peter nach einer Weile zurückkommt, eröffnet er Nadia mit triumphierender Miene, dass der Direktor sich an die getroffene Vereinbarung halten will. Nadia stürmt daraufhin in das Büro des Direktors, offensichtlich alles andere als überzeugt. Schließlich erscheint er selbst, Mikhail Aleksandrovich Grachev, Professor und Direktor des Limnologischen Institutes. Etwa ein Meter sechzig groß, Mitte fünfzig, Brille, eine Zigarette in der linken Hand und von einer Aura von Macht umgeben.

»Ich bin ein gutes Produkt des Sozialismus«, sagt er. »Wissenschaft kommt vor Geld. Zahlt, was euch möglich ist.« Damit ist die Diskussion beendet. Auch in den folgenden Jahren sollte es keine Probleme mehr in dieser Hinsicht geben.

Grachev kam mit Beginn der Gorbatschow-Ära aus Novosibirsk, um die Leitung des Limnologischen Instituts in Irkutsk zu übernehmen. Die Hauptaufgabe der Wissenschaftler des Instituts war und ist die Erforschung des Baikal-Sees. Zu sozialistischen Zeiten wies das Institut einen Bestand an wissenschaftlichem Personal auf, der etwa zehnmal höher lag als bei einer vergleichbaren westlichen Einrichtung. Mit dem Zerfall der Sowjetunion begann auch der finanzielle Niedergang der Institute. Die technische Ausstattung veraltete oder verrottete. Die Gehälter der russischen Wissenschaftler schrumpften schließlich unter das Existenzminimum. Einige der Kollegen versuchten durchzuhalten, andere wechselten den Beruf.

Mikhail Aleksandrovich Grachev übernahm also eine scheinbar unlösbare Aufgabe, der er sich – bis zu seinem tragischen Autounfall im September 1998, der sein Leben nachhaltig veränderte – 16 Stunden täglich und 7 Tage die Woche widmete. Konsequent internationalisierte er sein Institut, und bereits 1990 wurde das »Baikal International Center for Ecological Research« gegründet. Ausländische Gründungsmitglieder waren Institutionen aus Belgien und den USA. In den folgenden Jahren kamen britische, japanische und Schweizer Forschungseinrichtungen hinzu. Deutschland steht in einem Verhältnis zu dem Institut, das am besten mit dem Begriff »assoziierter Status« zu bezeichnen wäre. Über die ausländischen Wissenschaftler flossen beträchtliche Geldsummen an das Limnologische Institut, mit denen insbesondere die Forschungsschiffe fahrtüchtig gehalten wurden. Gleichzeitig richtete man interdisziplinäre Arbeitsgruppen in multinationaler Zusammensetzung ein, wodurch sich die Möglichkeit ergab, einen Teil der russischen Kollegen in Forschungsprojekte zu integrieren und ihnen ein zusätzliches Gehalt zu zahlen. Darüber hinaus wurden zahlreiche wissenschaftliche Symposien veranstaltet, nicht zuletzt mit dem Ziel, den Baikal-See stärker in den Blickpunkt der allgemeinen Öffentlichkeit zu rücken.

AUS DER GESCHICHTE LERNEN

Wir hatten in dem großen getäfelten Arbeitszimmer des Direktors Platz genommen und erklärten Mikhail Aleksandrovich, was wir in den nächsten Wochen, Monaten und Jahren erforschen wollten. Auch Tatiana Sitnikova, unsere direkte Kooperationspartnerin, war anwesend. Tatiana, von uns nur Tanya genannt, hatten wir im vorhergehenden Winter in Berlin kennen gelernt, wo sie sich auf Einladung der Freien Universität aufhielt, um eine Basis für gemeinsame Forschungen am Baikal-See zu schaffen.

»Aha, sie sind Paläontologe ...«, sagte Grachev.

»... und Biologe«, ergänzte ich.

»Schön, was haben sie vor am Baikal-See?« Grachev, ein vielbeschäftiger Mann, wirkte etwas ungeduldig.

»Seit die UNO-Konferenz 1992 in Rio de Janeiro das Startsignal für globale Anstrengungen zur Erhaltung der Biosphäre gegeben hat, haben viele Kollegen, natürlich auch hier am Baikal-See, sich mit neuer Dynamik der Erforschung der Lebensvielfalt als Grundlage für einen effizienten Naturschutz gewidmet. Die heute im Baikal-See existierenden Pflanzen- und Tiergemeinschaften sind das Produkt einer Evolution, die teilweise bereits vor vielen Millionen Jahren einsetzte. Seit seiner Entstehung hat sich der See ständig verändert, damit haben sich auch die Lebensbedingungen für die Organismen gewandelt, die ihn bewohnen. Es gab zu unterschiedlichen Zeiten Immigranten, aber auch Emigranten, die den See verließen, weil sich der Lebensraum zu ihrem Nachteil veränderte. Im See selbst entstanden neue Arten, was ein eindeutiges Indiz für die Veränderung des Ökosystems ist. Worauf ich hinaus will ist, dass die heutigen Lebensgemeinschaften nur die Momentaufnahme eines kontinuierlichen Prozesses darstellen. Wollen wir den Baikal-See effizient schützen, müssen wir verstehen, wie dieser Veränderungsprozess in der Zukunft weitergehen könnte. Dazu sollten wir aber erst einmal die Vergangenheit kennen, sozusagen aus der Geschichte lernen. Wir wollen zum Beispiel wissen, wie schnell überhaupt Veränderungen vor sich gehen und was die Ursachen dafür waren.« Ich hielt kurz inne; mein Gegenüber hörte konzentriert zu.

»Um die Vergangenheit von Organismen kümmert sich am besten ein Paläontologe«, fuhr ich fort. »Bestimmte Merkmale der kalkigen Gehäuse von Schnecken und Muscheln, die fossil werden können, spiegeln die ökologischen Ansprüche dieser Tiere wider. Damit können Lebensbedingungen der Vergangenheit rekonstruiert werden. Welche ökologischen Informationen an den fossilen Gehäusen abzulesen sind, müssen wir allerdings mit Hilfe der heute im See lebenden

60 Das Gehäuse der nur im Baikal-See lebenden Schnecke Liobaicalia stiedae *ist korkenzieherartig gewunden.*

Arten erst erkennen lernen. Wir müssen die Ernährungsweisen analysieren, um entsprechende Abhängigkeiten zu ermitteln. Über den Gehäusebau im Laufe eines Schneckenlebens gibt es bislang kaum Erkenntnisse. Niemand weiß, wie alt die Schnecken überhaupt werden. Wir müssen also auch versuchen, die Tiere aufzuziehen, um das Gehäusewachstum analysieren zu können«, dozierte ich recht umständlich. »Aus unseren Ergebnissen könnten wir einige Dinge ableiten, die für das Allgemeinverständnis des Systems Baikal ...«

Grachev unterbrach meinen Redefluss mit einem nachsichtigen Lächeln. »Kalkige Fossilien sind in den Sedimenten des Baikal-Sees nur selten erhalten«, merkte er an. Hatte mir nicht jemand erzählt, der Mann wäre Biochemiker? Offensichtlich verstand er auch etwas von moderner paläontologischer Forschung. Es war gar nicht nötig gewesen, unser Vorhaben so weitläufig darzulegen. Direktor Grachev war jedenfalls sichtlich zufrieden mit unseren Plänen und schlug vor, einen weiteren Kollegen in die Arbeitsgruppe zu integrieren. Dmitrij Sherbakov, ein Molekulargenetiker, sollte unsere ökologisch-morphologischen Studien auf der biochemischen Ebene begleiten. Der Mann hat wirklich Durchblick, dachte ich anerkennend. Kollege Sherbakov könnte Teile des Erbguts der Schnecken analysieren und uns damit beim Erkennen der Lebensvielfalt unterstützen, aber auch Auskünfte über das stammesgeschichtliche Alter der Arten beisteuern.

Nach einer guten Stunde verließen wir das Büro des Direktors und begaben uns in Tanyas Arbeitszimmer, um die Details für den morgigen Aufbruch an den Baikal-See zu besprechen. Da Tanyas Englisch kaum besser als mein Russisch war, musste Peter übersetzen. Ich stellte fest, dass sich die Zahl der Expeditionsteilnehmer inzwischen mehr als verdoppelt hatte. Der Molekulargenetiker Dmitrij Sherbakov, Dima genannt, Tanyas Sohn Sascha und zwei Damen, Luda und Ira, die als wissenschaftliche Übersetzerinnen und Lektorinnen tätig waren, würden uns auf unserer Fahrt begleiten.

EIN MEER OHNE SALZ

Etwa eine Stunde dauert die Autofahrt von Irkutsk nach Listvyanka, einem Ort am südlichen Baikal-See, direkt an der Ausmündung der Angara gelegen. Die Straße führt durch dichten Wald, der sich nur hin und wieder lichtet und den Blick auf eine kleine Holzhäusersiedlung frei gibt. Nach einiger Zeit glitzerte eine Wasseroberfläche zwischen den Bäumen hindurch. »Das ist die Angara«, wusste Peter bereits. Dann war es so weit. Der Kleinbus ächzte eine Steigung hinauf, und auf der Straßenkuppe angekommen, konnten wir die kleine Ortschaft Listvyanka erblicken.

Mein Blick richtete sich in die Ferne, auf die endlos scheinende Wasserfläche des Baikal-Sees. Ein Meer ohne Salz. Mir gingen die vielen Details durch den Kopf, die ich über den See gelesen hatte oder aus Erzählungen kannte. 636 km lang ist der See, maximal 80 km und durchschnittlich 40 bis 50 km breit, so dass man bei guter Sicht mit bloßem Auge das gegenüberliegende Ufer erkennen kann. Bezüglich seiner Oberfläche ist er etwa einhundert Mal größer als der größte deutsche See, der Bodensee. Mit maximal 1637 Metern ist er so tief wie kein anderer See auf unserem Planeten.

Obwohl der Ufersaum in 456 Metern Höhe verläuft, liegt der größte Teil des Seebodens deutlich unterhalb des Meeresspiegels. Das Wasservolumen beläuft sich auf beinahe 24 000 Kubikkilometer. Das ist ein Fünftel der weltweit frei zugänglichen Süßwasserreserven.

365 Flüsse haben dieses Wasser aus einem Einzugsgebiet in den See transportiert, das so groß ist wie die Iberische Halbinsel. Das Wasser, welches in Form von Niederschlägen dem See zugeführt wird, verdunstet – über längere Zeiträume hin betrachtet – in etwa der gleichen Menge wieder, so dass der Wasserhaushalt von den zahlreichen Zuflüssen und der abfließenden Angara balanciert wird. 400 Jahre dauert es, bis das Wasser des Baikals komplett ausgetauscht ist. Wenn also eine Verschmutzung – etwa durch eine schwer abbaubare chemische Substanz – im See auftritt, werden im schlechtesten

61 Das schwebstoffarme Wasser des Baikal-Sees gefriert zu einem kristallklaren Eis.

Fall 400 Jahre vergehen, bis sie auf natürlichem Wege den Baikal wieder verlassen hat.

Unser Fahrzeug holperte auf das Hafengelände, welches auf den ersten Blick wie ein Schiffsfriedhof wirkte. Ein zweiter Blick genügte jedoch, um zu erkennen, dass neben verrosteten, seeuntüchtigen Motorschiffen – von teilweise erstaunlicher Größe – auch einige durchaus brauchbare Gefährte an den Kaimauern lagen. Die »Obruchev«, unser Forschungsschiff, gehörte glücklicherweise zu der letzten Kategorie.

62 Die Forschungsschiffe und ihre technische Ausrüstung sind wichtigste Hilfsmittel für die Bio- und Geowissenschaftler am Baikal.

LEINEN LOS

Die »Obruchev« war kleiner, als ich mir vorgestellt hatte, vielleicht 20 Meter lang. Mein Blick schweifte über die Aufbauten. Rettungsboot, Radar- und Funkantenne, Seilwinde – alles vorhanden und offensichtlich gut in Schuss. Ich war beruhigt und half Peter und Dima, unser Gepäck über die Reling und weiter in die Schlafkajüte zu befördern. Der Koch holte die Leinen ein und begab sich dann in die Kombüse, um seinem eigentlichen Beruf nachzugehen. Die »Obruchev« nahm Fahrt in Richtung Nordosten auf. Die See war ruhig, und der Wind nahm etwas zu, so dass man deutlicher spürte, wie kalt er war. Der Tag ergraute zusehends, bald würde die Nacht hereinbrechen. Der Koch rief zum Abendessen, und wir drängten uns an den Tisch in der vorderen Kajüte. Fischsuppe mit Nudeln wurde serviert, und das sollte es noch öfter geben – das nächste Mal bereits am folgenden Morgen zum Frühstück.

Trotz der weiter zunehmenden Kühle versammelten wir uns nach dem Essen an Deck, um die Frische des Baikals zu inhalieren. Dima hatte Trinkbecher organisiert und zog den in seinem Labor destillierten Alkohol hervor. Er schenkte die Becher halb voll und füllte sie mit Wasser auf. Dann steckte er zwei Finger in seinen Becher und spritzte etwas Flüssigkeit in den See. »Für Burkhan«, murmelte er, und wir taten es ihm nach.

Burkhan ist der Herr des Baikals, eine bedeutende Gottheit im Schamanentum der Burjaten. Die Burjaten sind die größte mongolische Volksgruppe der Baikal-Region, sie prägen insbesondere den südlichen und östlichen Teil, wo sie in einer eigenen Republik Burjatien leben. Auch jenseits der russisch-mongolischen Grenze sind Burjaten anzutreffen, die dort noch weitaus stärker ihrer nomadischen Lebensweise und dem Schamanentum verhaftet sind. Im 16. Jahrhundert kam der tibetanische Buddhismus in die Region des heutigen Burjatien und wurde offizielle Religion. Die Gottheiten des Schamanentums haben in der regionalen Variante des Buddhismus ihren Platz gefunden.

Wir hatten also den Baikal-Gott Burkhan mit unserer kleinen Spende gnädig gestimmt und tranken rasch unsere Becher leer. Dima schenkte nach. Luda begann eine Melodie zu summen, Ira fing an, leise dazu zu singen, und es dauerte nicht lange, bis Dima, Tanya und dann auch Peter einstimmten. Die meisten Lieder waren traurige Balladen über den Baikal und Menschen, deren Schicksal in irgendeiner Weise mit dem See verknüpft war.

In dieser stimmungsvollen Atmosphäre schweiften meine Gedanken in weit zurückliegende Zeiten. Ich war in zwei Tagen an den Baikal-See gereist, und das relativ komfortabel. Wieviel anders muss es früher gewesen sein. Erst im 13. Jahrhundert erfuhr die westliche Welt überhaupt vom Baikal-See, und das auch nur aus zweiter Hand: Marco Polo brachte diese Information aus China mit. Als wahrscheinlich erster Europäer erreichte 1641 Kurbat Ivanov den See. Zwanzig Jahre später wurde Irkutsk gegründet. Unter der Leitung des deutschen Wissenschaftlers Daniel Messerschmidt begann 1724 die Erforschung des Baikal-Sees. Andere deutsche Forscher sollten folgen, unter ihnen auch Alexander von Humboldt, der in seinem Buch »Asie centrale« möglicherweise als Erster die Hypothese aufstellte, dass die Fauna und Flora des Baikal-Sees ihren Ursprung im Kaspischen Meer haben könnte. Humboldts Annahme beruhte unter anderem auf der Tatsache, dass nur im Kaspischen Meer und im Baikal-See Süßwasserrobben leben und es deshalb einmal eine Verbindung zwischen den Gewässern gegeben haben müsste. Gegen Ende des Zarenreiches und in den Wirren der russischen Revolution verschlug es, meist unfreiwillig, zahlreiche weitere Wissenschaftler an den Baikal-See, welche eine neue Ära der Erforschung einläuteten – eine Ära, die bis heute andauert.

Um ein Uhr morgens saßen wir noch immer an Deck, als wir die Lichter der kleinen Siedlung an der Pestchanaya-Bucht vor uns erblickten. Die »Obruchev« drehte auf den Anleger zu. Der Stahlrumpf des Schiffes presste sich mit seiner Steuerbordseite gegen die an der Holzpier befestigten Autoreifen, Maschinist und Koch zurrten die Leinen fest. Morgen früh sollte die Probennahme beginnen.

ABWÄRTS

In der Pestchanaya-Bucht war es möglich, auf relativ ebenen Seebodenflächen zu dredschen. Die Dredsche, ein Netz mit einem Eisenrahmen, der unten schlittenförmig zugeschmiedet ist, wurde am Ende des auf einer großen Trommel aufgerollten Drahtseils befestigt. Nachdem die Vorbereitungen abgeschlossen waren, legte die »Obruchev« ab und fuhr langsam in die Bucht hinein. Die Bremse der Seilwinde wurde gelöst, die Dredsche in das Wasser gelassen und etwa 150 Meter Seil abgerollt, was für eine Tiefe von 20 bis 40 Metern, aus der wir unsere Organismen an die Oberfläche bringen wollten, ausreichte, um einen guten Zugwinkel zu bekommen. Mit langsamer Fahrt kreuzte die »Obruchev« entlang der Bucht und zog dabei die Dredsche über den Grund. Nach einer Weile hatte sich genügend Material im Netz angesammelt, so dass die Dredsche mit Hilfe der Seilwinde eingeholt werden konnte.

63 *Ein Schwamm der endemischen, also nur hier auftretenden Gattung* Baicalospongia *wird aufgeschnitten, um die Hohlräume nach Schneckenlaich abzusuchen.*

64 *Die endemischen Schwämme der Gattung* Lubomirskia *zeigen korallenähnliches Wachstum. Die grüne Farbe stammt, wie bei* Baicalospongia, *von symbiontischen Algen.*

65 Eine Groppe streift über die giftgrünen lubomirskiiden Schwämme und will vielleicht die Schnecken erbeuten, die sich im Vordergrund tummeln.

66 Taucheinsätze sind notwendig für die genaue Analyse der Habitate, der Standorte der Tiere und Pflanzen im See.

Der Fang wurde sofort in große Blechwannen mit frischem Baikal-Wasser überführt, um das Überleben der Organismen zu sichern. Dann verschafften wir uns erst einmal einen Überblick darüber, was auf dem Grund der Pestchanaya-Bucht lebt. Auffällige Tiere sind die grünen Schwämme des Baikal-Sees, die ihre Farbe durch symbiontische Algen erhalten. Die Schwämme wachsen krusten- bis geweihförmig und können somit ein korallenähnliches Aussehen erhalten. Man kennt sie nur aus dem Baikal-See, sie sind also endemisch. An den Schwämmen kletterten, krochen und schlängelten sich zahlreiche andere Tiere. Schon auf den ersten Blick waren für den Spezialisten viele, größtenteils ebenfalls endemische Arten von Schnecken, Flohkrebsen, Muschelkrebsen und Borstenwürmern zu unterscheiden. Peter und Tanya begannen sofort die Schnecken abzusammeln, da sie bevorzugtes Ziel unserer Forschung waren, und steckten sie in von uns mitgebrachten Kühlbehälter, die mit Baikal-Wasser gefüllt waren.

Der Baikal ist ein sehr kalter See. Die Organismen haben sich im Laufe der Evolution an die niedrigen Temperaturen angepasst. In von der Sonne aufgewärmtem Wasser wären sie nur kurz überlebensfähig, deshalb musste für die Dauer des Transportes in unser Zielgebiet das die Tiere umgebende Wasser unbedingt gekühlt werden. Dass der Baikal so kalt ist, hängt mit seiner gewaltigen Tiefe zusammen. Unterhalb von 250 Meter Wassertiefe liegt die Temperatur das ganze Jahr über relativ genau bei 3,5 Grad Celsius. In den 50 Metern darüber erhöht sich die Temperatur lediglich auf 4 Grad Celsius. Hier liegt die so genannte Temperatursprungschicht. Mit abnehmender Wassertiefe werden die Temperaturen durchschnittlich deutlich höher und die Schwankungsbreite größer. Sie hängen oberhalb der Sprungschicht stark von den örtlichen Gegebenheiten ab. In den geschützten Buchten können die Temperaturen im Hochsommer an der Wasseroberfläche 20 Grad Celsius erreichen, auf dem offenen Baikal selten mehr als 12 Grad Celsius, wobei der Süden des Sees wärmer ist als der nördliche Abschnitt. Im Winter friert der

Baikal darum auch von Norden her zu. Während die kleinen Nachbarseen bereits Ende Oktober mit dem ersten Eis bedeckt sind, dauert es bis zum Januar, bevor der Baikal-See eine geschlossene Eisdecke aufweist. Ein tiefer See, der sich nur langsam erwärmt, kühlt eben auch entsprechend langsam ab. Im März verdickt sich das Eis auf einen Meter – stellenweise mehr – und wird im April wieder zunehmend dünner. Erst im Mai wird der Baikal allmählich wieder schiffbar.

Nachdem wir in etwas tieferem Wasser noch zwei weitere Dredschen gefahren hatten, nahm die »Obruchev« Kurs auf den südlichen Baikal-See. Mit der Ausbeute würden wir die nächsten Stunden reichlich zu tun haben.

GIGANTEN UND ZWERGE

Im Süden des Sees, in der Ortschaft Baikalsk, wurde Ende der sechziger Jahre ein Forschungsinstitut errichtet, das mit Aquarienräumen ausgestattet ist. Hier wollten wir uns einquartieren, um mit unseren Untersuchungen an den endemischen Baikal-Schnecken zu beginnen.

Wir hatten etwas vor, was noch nie unternommen worden war: Wir würden die Schnecken zum Ablaichen bringen und die Entwicklung der Embryonen bis zum Schlüpfen aus ihren Eikapseln detailliert analysieren. So könnten wir spezielle Anpassungen der Organismen an das Ökosystem Baikal erkennen.

In Gedanken rekonstruierte ich, wie das Nahrungsnetz der Baikal-Organismen aussehen könnte, das sich aus den verschiedenen Nahrungsketten knüpfen lässt. An der Basis des Nahrungsnetzes stehen neben einigen höheren Wasserpflanzen die vielen hundert Algenarten des Baikals: Rotalgen, Goldalgen, Grünalgen, Kieselalgen und einiges mehr.

Man nennt sie Primärproduzenten, weil ihr Wachstum nicht wie bei den Tieren auf dem Fressen anderer Organismen, sondern auf der Fotosynthese basiert.

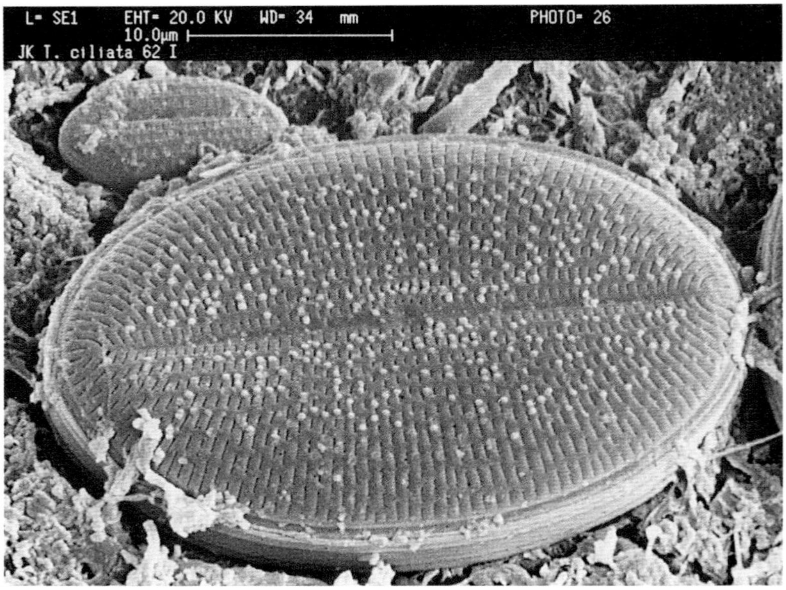

67 Die Kieselalgen des Baikal-Sees sind mikroskopisch klein und doch die wichtigsten Primärproduzenten im Baikal-See. Rasterelektronenmikroskopische Aufnahme

Mit zunehmender Körpergröße ist gewöhnlich eine höhere Stellung in der Hierarchie des Nahrungsnetzes verbunden. Dementsprechend ist die eineinhalb Meter lange und zwei Zentner schwere Baikal-Robbe, *Phoca sibirica*, auf der höchsten Ebene des Nahrungsnetzes angesiedelt. Viele der annähernd 60 Fischarten sind endemisch, und einige stehen im Nahrungsnetz neben der Robbe. So etwa der Stör, der eine ähnliche Größe wie die Robbe erreicht und damit aus dem Beuteschema fällt. Oder der Omul, ein lachsartiger Fisch, der einfach zu schnell für die Robbe ist. Die Fische ernähren sich auf die unterschiedlichste Art und Weise: Krebse, Schnecken, Muscheln, Borstenwürmer, Larven von Köcherfliegen und Zuckmücken stehen auf ihrem Speiseplan.

Die Krebse sind sowohl von der Artenzahl als auch von der Biomasse her die bedeutendste Tiergruppe des Baikals. Etwa 600 verschiedene Spezies besiedeln den See, die größtenteils nirgendwo sonst auf der Welt existieren. Die Flohkrebse, die dominierende Spezies, machen im Baikal-See ihrem Namen wenig Ehre, manche

Arten werden bis zu sieben Zentimeter lang. Das bedeutet für diese ursprünglich winzigen Wesen, dass sie im Laufe ihrer Evolution zu Giganten geworden sind – eine »Normalgröße« kann man von der außerhalb des Baikals lebenden Verwandtschaft ableiten. Der Trend zum Gigantismus ist auch von anderen Bewohnern des Baikal-Sees her bekannt, und der Ursache sollten wir bald auf die Spur kommen.

Die Krebse ernähren sich teilweise von den Primärproduzenten, aber auch von anderen Tieren, und manche machen sich sogar über die Schwämme her, die von vielen anderen Tiergruppen verschmäht werden. Einige Schnecken scheinen ebenfalls an den giftgrünen Schwämmen zu knabbern, ernähren sich aber überwiegend von Organismen pflanzlicher Natur. Wie wir später herausfinden sollten, spielt dabei die Aufnahme von Kieselalgen, winzigen, planktischen oder am Boden lebenden Organismen, eine besondere Rolle. Die Kieselalgen scheinen überhaupt die Schlüsselposition in der Primärproduktion innezuhaben. Sie stellen gut die Hälfte der gesamten Algenarten im See und kommen in großen Massen vor. Selbst im Winter dringt ausreichend Licht durch das Eis, um Blüten dieser Organismen hervorzubringen. Damit wird das ganze Jahr über der bedeutendste Teil der Primärproduktion aufrechterhalten.

ES STINKT ZUM HIMMEL

Am südlichen Horizont verdichtete sich eine große, gelbweiße, nach Südwesten weisende Wolke, die in den Bergen stecken zu bleiben schien. Ich zückte mein Fernglas und konnte die Produzenten der Wolke erkennen. Sie quoll aus den Schornsteinen des Zellulosekombinats von Baikalsk. Ausgerechnet dort wollten wir unsere Arbeit aufnehmen. Die Zellstofffabrik war vor etwa 30 Jahren errichtet worden, nicht zuletzt um besonders hochwertige Produkte für die Luft- und Raumfahrtprojekte der damaligen Sowjetunion herzustellen.

Es gab bereits in der Planungsphase der Fabrik zahlreiche Mahner, die katastrophale Folgen für den Baikal-See prophezeiten. Die

Staatsmacht reagierte mit dem Aufbau eines ökotoxikologischen Instituts direkt neben dem Werk. Die von den Wissenschaftlern des Instituts in den nachfolgenden Jahren erstellten Unbedenklichkeitsbescheinigungen provozierten allerdings mehr, als dass sie beruhigten. Schließlich wurde die eine oder andere unbedeutende Belastung des Baikal-Wassers zugegeben, zumal es auch parallele Untersuchungen anderer Institute gab, die bereits deutlich auf Verschmutzungen hingewiesen hatten. Vieles ist über diese Pestbeule am Ökosystem Baikal berichtet worden. Eine objektive Einschätzung der tatsächlichen ökologischen Auswirkungen gibt es jedoch bis heute nicht.

Kurz vor dem kleinen Hafen führten wir einen weiteren Dredschgang durch und erhielten so Organismen aus dem direkten Einflussbereich des Zellstoffwerkes. Natürlich hatte ich gewisse Hintergedanken, als ich mich darauf einließ, unsere Studien an diesem Ort durchzuführen. Die Aquarien werden von Wasser durchflutet, das aus dem Uferbereich des Werksgeländes abgepumpt wird. Bei den Embryonen unserer Schnecken handelt es sich um äußerst sensible Organismen, die auf bestimmte Schadstoffe unverzüglich mit abnormer Entwicklung reagieren würden. Dass wir ein solches »Biomonitoring« durchzuführen beabsichtigten, brauchten wir den Verantwortlichen des ökotoxikologischen Instituts ja nicht auf die Nase zu binden.

Die »Obruchev« hatte noch nicht ganz festgemacht, als Dima und Tanya schon an Land gingen, um uns offiziell anzumelden. Es stank gewaltig nach faulen Eiern – zumindest der Auswurf von Schwefelwasserstoffen ließ sich vor niemandem verbergen. Es dauerte eine Weile, bis ein Lada auf dem Schotterweg des Hafengeländes heranratterte. Tanya, Dima und eine weitere Person – in kompletter Bluejeans-Kleidung inklusive Schlägermütze – entstiegen dem Fahrzeug. Direktor Albert Beim war persönlich erschienen. Der etwa sechzigjährige, mittelgroße, aus dem Baltikum stammende Mann hatte ein freundliches, offenes Gesicht. Es war ihm nicht anzusehen, dass er sich seit vielen Jahren zwischen den Fronten – Befürwortern und Gegnern des Zellulosewerkes – bewegen und dabei aufpassen musste, nicht zerrieben zu werden.

Albert Beim lud uns ein, sein Institut zu inspizieren. Da wir umgehend unsere Schnecken in eine verträgliche Unterkunft bringen wollten, stimmten wir freudig zu. Der Aquarienraum des Instituts war mit zahlreichen Badewannen bestückt, die jeweils über einen Schlauchanschluss für frisches Baikal-Wasser verfügten. Zahlreiche kugelförmige Glasbehälter standen ebenfalls zur Verfügung. Keine Hightech-Station, aber ein voll funktionsfähiger, für unsere Zwecke bestens geeigneter Aquarienraum. Der ständige Durchlauf des Baikal-Wassers würde sowohl eine naturnahe Temperatur herstellen als auch genügend Nährstoffe heranschaffen. Die nächsten Wochen sollten wir von morgens bis abends inventarisieren, beobachten und dokumentieren. Die »Obruchev« hatte sich mit Luda, Ira und Sascha auf den Heimweg gemacht. Unser Zuhause war nun eine vom ökotoxikologischen Institut zur Verfügung gestellte Wohnung.

Es stellte sich bald heraus, dass unsere Aufzuchtbemühungen von Erfolg gekrönt waren. Die Embryonen wuchsen jedoch so langsam, dass wir – wie wir später erfuhren – noch mindestens ein halbes Jahr hätten ausharren müssen, um eine komplette Embryogenese beobachten zu können. Die Entwicklung erfolgte etwa zwanzigmal langsamer als bei Süßwasserschnecken außerhalb des Baikals. Wir waren auf erste wichtige Erkenntnisse gestoßen, aus denen wir ableiten konnten, dass die Anpassung der endemischen Baikal-Schnecken an die dauerhaft niedrige Wassertemperatur zu einem – im Vergleich zu ihren Nachbarn außerhalb des Baikals – sehr viel höheren Lebensalter führen musste. Damit kamen wir auch dem Gigantismus auf die Spur. Das längere Leben stand offensichtlich zu einem verlängerten Größenwachstum in Bezug. Gleiches ist für die riesigen Flohkrebse und andere vom Gigantismus betroffene Tiergruppen des Baikal-Sees anzunehmen.

68 Das Zellstoffwerk von Baikalsk stößt gelbweiße Wolken in den strahlend blauen Winterhimmel.

Ein weiteres Ergebnis unserer Studien will ich hier nicht verschweigen: Unser »Biomonitoring« ergab eine einwandfreie Qualität des Aquarienwassers, das, wie beschrieben, direkt aus der Uferzone des Zellulosekombinatgeländes gefördert wird. Diese Erkenntnis macht allerdings aus einer Pestbeule noch keinen Schönheitsfehler.

DER BAIKAL FRISST SEINE KINDER

Dezember 1861. Die Nacht zur Jahreswende war angebrochen, als die Erde zu beben begann. Menschen rannten aus ihren Häusern. Die meisten von ihnen hatten schon schwere Erdbeben erlebt, doch diesmal war alles anders. Der Boden sackte unter ihren Füßen weg und zog alles in die Tiefe. Dann brachen eiskalte Wasserfluten über die panisch flüchtenden Menschen herein.

Was war damals passiert? Das versuchte ich gerade meinen Studenten zu erklären – und zwar nicht im Hörsaal des heimischen Instituts, sondern auf der Insel Olkhon, mitten im Baikal-Riftsystem. Die Idee, den Studenten und Studentinnen der Freien Universität Berlin auf diese Weise das einzigartige Ökosystem Baikal näher zu bringen, war mir bei der Reise im vorhergehenden Jahr an den Baikal-See gekommen. Wir hatten uns auf dieser Reise stärker

69 *Mit Bohrsonden werden kurze Sedimentkerne gewonnen, deren Analyse Einblick in die jüngere geologische Geschichte des Baikal-Sees geben soll.*

mit der Geologie der Baikal-Region befasst als zuvor und wollten auch in diesem Jahr unser Augenmerk besonders auf diesen Aspekt richten. So stand ich also nun vor sechzehn Damen und Herren, die das Studienfach Geologie/Paläontologie gewählt hatten, und dozierte über das Baikal-Riftsystem.

Die Exkursion hatte in dem Dorf Bolshiye Koty begonnen, das nur mit dem Schiff oder im Winter mit dem Auto über das Eis zu erreichen ist. Dort hatten Peter Röpstorf und ich die aktuelle Lebenswelt des Baikals vorgestellt. Danach hatten wir uns auf die Insel Olkhon begeben. Hier gibt es einige geologische Aufschlüsse, die Einblicke in die Vergangenheit des Baikal-Sees gewähren. Unsere russische Begleiterin vom Institut der Erdkruste in Irkutsk hatte beim Abendessen beiläufig erwähnt, dass wir gegen Ende der Exkursion nicht wie geplant übernachten könnten, da ein schweres Erdbeben die entsprechenden Unterkünfte zerstört hätte.

Erdbeben! Um die 2000 seismische Ereignisse werden in der Baikal-Region pro Jahr registriert. Die wenigsten sind von den Menschen zu spüren, doch nicht allzu selten kommt es zu solch starken Beben wie in der Silvesternacht 1861, in der ein ganzer Landstrich im Baikal versank und heute als die Bucht Proval einen Teil des Sees darstellt. Burkhan hatte sich von seiner schlechten Seite gezeigt.

MITTENDRIN

Auf der Insel Olkhon befanden wir uns tatsächlich mitten im Baikal-Riftsystem. Riftsysteme sind zusammenhängende Bereiche der Erdkruste, die auseinander weichen. Dieser Vorgang führt zu einer Ausdünnung der Erdkruste, so dass magmatisches Material aus dem darunter liegenden Erdmantel leichter nach oben dringen kann. Rifting ist also gewöhnlich von Vulkanismus begleitet. Die Bewegungen der Erdkruste führen zu Spannungen unterschiedlichster Art. Eine Dehnung im Riftbereich hat eine Kompression in den benachbarten Krustenteilen zur Folge, da diese nicht so schnell Platz machen können, wenn geschoben wird. Das schlagartige Lösen einer solchen aufgebauten Spannung wird von uns als Erdbeben wahrgenommen.

»Schaut mal nach Nordwesten«, forderte ich meine Studenten und Studentinnen auf. »Das steil abfallende Küstengebirge kennzeichnet die Riftflanke, die das so genannte Kleine Meer dorthin abgrenzt. Die scharfen, nur wenig verwitterten Konturen der Berge deuten an, dass der Vorgang des Riftings, der zur Entstehung des Kleinen Meeres führte, erst in der jüngeren Erdgeschichte stattgefunden hat. Ihr blickt genau auf den Rand der Sibirischen Plattform. Wir selbst stehen allerdings auch auf einem Teil der Sibirischen Plattform«, behauptete ich und ließ die Exkursionsteilnehmer rätseln, warum das so sei, obwohl wir uns doch auf einer Insel im Baikal-See befanden.

Das Baikal-Riftsystem, auch ostsibirisches Riftsystem genannt, zieht sich über 1800 Kilometer von Nordosten nach Südwesten hinunter bis zum mongolischen Khubsugul-See. Geologische Untersuchungen der russischen Kollegen hatten schon in den sechziger Jahren vermuten lassen, dass zumindest Teile des Riftsystems seit dem Oligozän aktiv sind. Das Oligozän ist ein erdgeschichtlicher Zeitabschnitt, der vor etwa 36 Millionen Jahren begann und 13 Millionen Jahre andauerte. In dieser Zeit wurden bestimmte Störungen in der Erdkruste, die fast überall in irgendeiner Form vorhanden sind, derart aktiviert, dass sich die östlich gelegenen Krustenteile relativ vom Rand der sibirischen Plattform fortzubewegen begannen. Zwischen den auseinander weichenden Krustenplatten bildeten sich zunehmend Senken aus, in denen sich Süßwasser sammeln konnte – die Geburt des Baikal-Sees.

Der südliche Abschnitt des Sees entstand zuerst und war anfangs noch sehr flach. Hätte das Rifting in dieser Phase ausgesetzt, wäre der Baikal-See schon nach wenigen tausend Jahren wieder verschwunden gewesen. Die von Wasser und Wind in den See hinein transportierten Sedimente hätten den Baikal letztlich verlanden lassen – ein Schicksal, welches den meisten Seen unseres Planeten droht. Das Rifting setzte sich jedoch fort, die »Spalte« in der Erdkruste verbreiterte und vertiefte sich, so dass die Sedimente immer neuen Raum zur Ablagerung fanden, ohne das Wasser verdrängen zu müssen. Im südlichen Becken des Sees haben sich bis heute etwa acht Kilometer mächtige Sedimente angesammelt, die die lange Geschichte des Baikals speichern. Im Zuge der Öffnung des zentralen und nördlichen Baikal-Sees führten Schwachstellen an Randbereichen der Sibirischen Plattform zum Abreißen einiger Teile. Der größte noch über die Seeoberfläche ragende Teil ist die Insel Olkhon. Zwischen Olkhon und dem stabilen Teil der Sibirischen Plattform dehnte sich ein neues Becken aus, das sich mit Wasser füllte. Dieser als »Kleines Meer« bezeichnete Abschnitt ist also jünger als die großen Becken des Sees, was auch die deutlich geringere Wassertiefe widerspiegelt.

Wir fuhren auf die andere Seite der Insel Olkhon, um die tektonische Öffnungszone des offenen Baikals zu betrachten. Das ansteigende Gelände zeigte an, dass wir uns auf eine Riftschulter zubewegten. Die »Straße« schlängelte sich entlang eines Flusseinschnittes schließlich wieder abwärts, zwischen den Bergen

70 Ein geologischer Aufschluss mit mehreren Millionen Jahre alten Sedimenten wird am Ufer der Halbinsel Svyatoy Nos beprobt.

hindurch bis zum Ufer. Dort überkam mich ein feierliches Gefühl. Der steil abfallende Gebirgsrand vermittelte eindrucksvoll, dass hier, in der Unterwasserfortsetzung, große Tiefen erreicht werden müssten. Noch ein Kontrollblick auf die topographische Karte, und ich konnte mit Sicherheit verkünden, dass wir uns im Vorgarten von Burkhan befanden. Die Burjaten hatten schon immer gewusst, dass diese Lokalität etwas Besonderes ist, und sie waren sich sicher, dass in der Tiefe Burkhan haust – lange bevor Wissenschaftler mit moderner Technik feststellten, dass hier der Baikal-See mit 1637 Metern am tiefsten ist.

METHUSALEM UND BENJAMIN

Der Baikal-See liegt also inmitten eines dynamischen tektonischen Systems, dem er seine Geburt und sein beständiges Wachstum verdankt. Warum aber begann überhaupt dieses Rifting, und wohin würde es noch führen?

Viele Kollegen glauben, dass der Zusammenprall des indischen Subkontinentes mit Asien der Auslöser war. Die diversen, eher starren Platten der Erdkruste gleiten gewöhnlich mit unterschiedlichen Geschwindigkeiten und Richtungen über den weniger viskosen

71 Der aus dem Seeboden gezogene Sedimentkern enthält zahlreiche Informationen über die jüngere Geschichte des Baikal-Sees.

Erdmantel hinweg. Die maximalen Geschwindigkeiten, die man heute messen kann, liegen bei zwanzig Zentimetern pro Jahr. Das klingt unendlich langsam, ist aber aus geologischer Sicht rasend schnell. In »nur« fünf Millionen Jahren werden tausend Kilometer zurückgelegt. Indien war so ein Plattenraser. In der Kreidezeit legte Indien von einer eisfreien Antarktis ab, machte sich auf den Weg nach Norden und dockte schließlich vor etwa 40 Millionen Jahren recht unsanft an Südasien an. Indien wurde zwar deutlich langsamer, drängte aber weiter nach Norden. Dadurch wurden mächtige Krustenteile zu allmählich wachsenden Gebirgen zusammengeschoben, die wir heute als Himalaja, Karakorum oder Kunlun kennen. Indien schob weiter. Riesige Spannungsfelder setzten sich fort bis nach Zentralasien, erreichten schließlich die Region des späteren Baikal-Sees, suchten sich Schwachstellen in der Kruste und zwangen Teile von ihr auseinanderzuweichen.

Das einsetzende Rifting war mit einer geschätzten Öffnungsrate von einem Millimeter pro Jahr selbst aus geologischer Sicht extrem langsam. Damit der Baikal-See einen Kilometer breit werden konnte, mussten eine Million Jahre vergehen. 20 bis 25 Millionen Jahre setzte sich dieses Tempo fort. Der Baikal hatte erst die Hälfte seiner heutigen Breite erreicht. Dann, vor etwa drei Millionen Jahren, ging ein gewaltiger Ruck durch das Riftsystem, der die tektonischen Strukturen neu ordnete. Der südwestlich vom Baikal-See liegende und bis dahin zumindest phasenweise mit diesem verbundene Khubsugul-See erhob sich um mehr als einen Kilometer über seinen nordöstlichen Nachbarn. Die Riftgeschwindigkeit am Baikal erhöhte sich annähernd um das Zehnfache, und der Seeboden begann in immer größere Tiefen abzusacken, deren vorläufiges Maximum wir heute messen können.

Was war im oberen Pliozän, vor knapp 3 Millionen Jahren, vorgefallen? Es gibt keine plausiblen Gründe, auch hierfür Indien verantwortlich zu machen. Vielmehr scheinen südlich des Baikals weiträumig riesige Mengen von Magma die Kruste nach oben gedrückt zu haben. Warum aber drängte das Magma so plötzlich nach oben? Die Lösung liegt vielleicht auf der anderen Seite der Erde. Zeitgleich – soweit wir dies feststellen können – schlug ein riesiger Asteroid in den Südost-Pazifik ein. Gewaltige Druckwellen schossen durch die Kruste und den Mantel in das Erdinnere, entlang des äußeren Kerns und fokussierten schließlich genau auf der anderen Seite des Planeten, im südwestlichen Baikal-Riftsystem, das kräftig durchgeschüttelt wurde und neuen Schwung erhielt.

Viele Kollegen teilen die Ansicht, dass fortschreitendes Rifting über viele Millionen Jahre hinweg das System dereinst so vergrößert haben wird, dass es schließlich zum Ozean werden kann. Manche sprechen schon jetzt von einem Ozean, was jedoch aus geologischer Sicht unsinnig ist. Diesbezüglich ist der Baikal noch nicht einmal ein Benjamin. Aus Sicht eines Forschers, der sich mit den Süßwasserseen der Erde beschäftigt, ist er allerdings der Methusalem, der älteste See unseres Planeten.

GRABEN NACH DER VERGANGENHEIT

September 1998. Unser Ziel war die Halbinsel Svyatoy Nos am Golf von Barguzin. Dort sollte es Aufschlüsse mehrerer Millionen Jahre alter Sedimente geben, die wir beproben würden und von denen wir Neues über die Geschichte des Baikal-Sees lernen wollten. Um ein Boot anzuheuern, fuhren wir nach Ust-Barguzin, wo wir glücklicherweise von den Rangers des Transbaikal-Nationalparks völlig unbürokratisch die Genehmigung erhielten, auf Svyatoy Nos Proben nehmen zu dürfen. Man würde uns sogar mit dem Schiff der Parkverwaltung an unser Ziel bringen. Gleich morgen früh sollte es losgehen. In einem kleinen Sporthotel, in dem wir köstlich bekocht wurden, fanden wir Unterkunft für die Nacht.

Als wir gegen sieben Uhr morgens am kleinen Hafen eintrafen, hatte die Mannschaft bereits begonnen, das Schiff seeklar zu machen. Wir konnten an Bord gehen, das Schiff drehte vom Anleger in den Barguzin-Fluss und nahm Kurs auf den Baikal-See. Nach knapp drei Stunden hatten wir die Südspitze von Svyatoy Nos erreicht. Der offene Baikal lag vor uns. An Steuerbord war der Umriss der größten Ushkany-Insel auszumachen, auf die das Schiff zudrehte, bis es parallel zur Küste der Halbinsel fuhr. Nun wurde es spannend. Ich setzte mein Fernglas an die Augen und begann zu suchen. Es war viel leichter, als ich befürchtet hatte. Helle, streifig strukturierte Steilufer zeigten an, dass hier die gesuchten Sedimente anstanden. Der Kapitän näherte sich vorsichtig dem Ufer. Das letzte Stück musste mit dem Beiboot gerudert werden.

Mit zwei großen und einer kleinen Schaufel sowie einer Rolle Probenbeutel sprangen wir an Land. Hier waren keine Geologenhämmer gefragt. Vom Top des aktuellen Strandwalls zieht sich das Steilufer in feinkörnigen Sedimentschichten etwa zehn Meter in die Höhe. Dann setzt eine dicke Schicht aus kleineren und größeren, gut gerundeten Steinen ein, ganz ähnlich wie der Untergrund, auf dem wir gerade standen. Ein fossiler Strandwall liegt dort oben und zeugt von der Dynamik des Riftsystems.

Zwei Stunden später hatten wir eine saubere Treppe in den Hang gegraben und begonnen, Schicht für Schicht Proben zu nehmen. Dabei wurde mir erneut bewusst, wie wenig gute derartige

Aufschlüsse es am Baikal-See gibt. Vor einigen Jahren wurde auch deshalb ein aufwendiges internationales Bohrprogramm ins Leben gerufen. Von einer ortsfesten Plattform aus, die jedes Jahr Ende Januar an die gewünschte Position geschleppt und dann durch das sich verdickende Eis fixiert wird, ist es möglich, unter Wasser bis zu 200 Meter tief in die Sedimente des Baikal-Sees einzudringen und Sedimentproben hochzuholen.

Das Bohren bedeutet eine Reise durch die Zeit. Je tiefer, desto älter sind hier die Schichten. Eine Bohrung repräsentiert eine Stichprobe der Seengeschichte, aus der sich dem Spezialisten eine Reihe von Informationen erschließt. So kann zum Beispiel über die Zusammensetzung der Minerale deren Herkunft analysiert werden, also festgestellt werden, ob sie etwa von einem bestimmten Fluss herantransportiert worden sind, weil es nur dort im Hinterland das passende Muttergestein gibt, oder ob sie direkte Verwitterungsprodukte der Baikal-Küste sind. Die Art der Verwitterung kann Indizien über die jeweiligen Klimabedingungen liefern. In einem warmfeuchten Klima entstehen andere Verwitterungsprodukte als etwa in einem kalttrockenen.

Klimadaten der Vergangenheit erhält man aber auch über die fossilen Organismen. Allein anhand der Quantität der Kieselalgen in den Baikal-Sedimenten kann man inzwischen für die letzen zweieinhalb Millionen Jahre recht genau sagen, wann Warmzeiten herrschten und wann Kaltzeiten. Die Klimadaten der Vergangenheit können uns lehren, welche lang-, mittel- und kurzfristigen Klimaprozesse es gibt. Nur über diesen Umweg können wir die heutige Situation ernsthaft beurteilen und die Ursachen der Klimaänderungen in »natürlich« und »anthropogen«, also durch den Menschen verursacht, unterteilen und dann sogar einigermaßen sicher die Zukunft prognostizieren.

Bis wir dazu allerdings wirklich in der Lage sind, gibt es noch reichlich zu tun, und der Baikal-See ist nur ein Mosaikstein im globalen System.

Die Analyse eines Bohrkerns ist also eine sehr komplexe Aufgabe, der sich Geologen und Paläontologen gemeinsam stellen müssen. Um bestimmte Phänomene der Kernsedimente überhaupt interpretieren zu können, bedarf es vergleichender Studien. Genau die konnten wir mit unseren Sedimenten von der Halbinsel Svyatoy Nos durchführen.

EPILOG

Das Beiboot hatte uns wieder an Bord geholt. Es war bereits später Nachmittag geworden. Die Sonne senkte sich über das Kleine Meer und wechselte ihre Farbe von gelb zu orange. Während das Schiff die Südspitze von Svyatoy Nos erneut umrundete, begann sich die nun rote Scheibe hinter den Bergen des Baikal-Westufers zu verstecken. Der Wind war eingeschlafen. Der Bug unseres Schiffes nahm Kurs auf Ust-Barguzin und zerschnitt das spiegelblanke Wasser der großen Bucht.

Ich dachte über die diversen Expeditionen nach, die ich in den letzten Jahren zum Baikal unternommen hatte, und trug in Gedanken die Forschungsergebnisse zusammen, die bislang erzielt worden waren. Man weiß, dass sich heute annähernd 2000 verschiedene Tierarten im Baikal-See tummeln, von denen mehr als die Hälfte endemisch sind, also nirgendwo sonst leben. Es wird jedoch angenommen, dass mindestens einige hundert Arten mehr im See leben, als Wissenschaftler bisher dokumentieren konnten. Dies wurde durch die Arbeit unserer gemeinsamen deutsch-russischen Gruppe bestätigt, die in den letzten Jahren tatsächlich bisher nicht bekannte Arten unter den Schnecken entdeckt hatte. Wir waren systematisch vorgegangen und hatten möglichst viele Messgrößen berücksichtigt, etwa die Wassertemperatur, Wassertiefe, Durchlichtung, Leitfähigkeit, Sauerstoffgehalt und den pH-Wert, und wir hatten natürlich auch erforscht, welche Organismen insgesamt in den jeweiligen Standorten siedeln. So wurde jede Schnecke in ihren ökologischen Zusammenhang gestellt und darüber hinaus anatomisch detailliert untersucht. Analysen der Schneckengehäuse am Rasterelektronenmikroskop und die Bestimmung des Verhältnisses zwischen schweren und leichten Sauerstoffisotopen in den jeweiligen Kalkschalen versetzten uns in die Lage, Befunde des aktuellen Ökosystems Baikal mit an den Fossilien gewonnenen paläontologischen Erkenntnissen in Beziehung zu setzen. Damit waren die Voraussetzungen geschaffen, die evolutionsökologische Geschichte des Sees besser verstehen zu lernen. Mit den von uns soeben genommenen Sedimentproben eines mehrere Millionen Jahre alten Ablagerungsraumes würden wir ein weiteres Mosaiksteinchen für die Rekonstruktion der Vergangenheit formen können.

Von Anfang an war mir klar gewesen, dass man den Baikal-See nicht nur aus ihm selbst heraus würde verstehen können. Im Laufe seiner langen und wechselhaften Geschichte war er den unterschiedlichsten Einflüssen ausgesetzt. Selbst an das vom Baikal weit entfernte Kaspische Meer würde ich in nicht allzu ferner Zukunft reisen, um der Hypothese nachzugehen, dass ein Teil der Baikal-Fauna dort ihren Ursprung hat. Als Raum- und Zeitreisender würde ich dann Schritt für Schritt den Kreis enger ziehen, bis zum gegenwärtigen ökologischen Geflecht des Baikal-Sees.

Das Schiff drehte in die Mündung des Barguzin, und ich wurde aus meinen Gedanken gerissen. Wir hatten den Baikal-See verlassen. Nur für dieses Mal, war ich mir sicher. Ich wollte noch viel von ihm lernen, und er würde sich dafür meiner Anstrengungen sicher sein können, seine Einzigartigkeit bewahren zu helfen.

LITERATURHINWEISE

Colman, S. M. (u.a.): Continental Climate Response to Orbital Forcing from Biogenic Silica Records in Lake Baikal. In: Nature 378 (1995), S. 769–771.

Grachev, M. A. (u. a.): A High-resolution Diatom Record of the Palaeoclimates of East Siberia for the Last 2.5 my from Lake Baikal. In: Quaternary Science Reviews 17 (1998), S. 1101–1106.

Humboldt, A. von: Asie centrale. Paris 1843.

Koptyug, V. A. / Uppenbrink, M.: Sustainable Development of the Lake Baikal Region. NATO ASI Series. 1996

Kozhova, O. M. / Izmest'eva, L. R.: Lake Baikal. Evolution and Biodiversity. Leiden 1998.

Logatchev, N. A.: History and Geodynamics of the Lake Baikal Rift in the Context of the Eastern Siberia Rift System: a Review. In: Bulletin des Centres de Recherches Exploration-Production Elf Aquitaine 18 (1) (1993), S. 353–370.

Logatchev, N. A. (u. a.): Rifting in Intracontinental Setting: Baikal Rift System and Other Continental Rifts. Irkutsk 1999.

Mats, V. D.: The Structure and Development of the Baikal Rift Depression. Baikal International Center for Ecological Research Reprint N1. Irkutsk 1992.

Myazaki, N.: Animal Community, Environment and Phylogeny in Lake Baikal. Otsuchi Marine Research Center, Ocean Research Institute. Tokyo 1997.

Timoshkin, O. A.: Guide and Key to Pelagic Animals of Baikal. Nauka, Novosibirsk 1995.

Timoshkin, O. A.: Biology of Lake Baikal: »White spots« and Progress in Research. In: Berliner geowissenschaftliche Abhandlungen E 30 (1999), S. 33–348.

Weber, B.: Der Baikal: Geographische und biologische Aspekte eines außergewöhnlichen Süßwassersees. In: Natur und Museum 122 (4) (1992), S. 101–125.

Williams, D. F. (u.a.): Lake Baikal Record of Continental Climate Response to Orbital Insolation During the Past 5 Million Years. In: Science 278 (1997), S. 1114–1117.

DIE JAGD NACH DEN FEUER-ZWERGEN

Von Andreas Orth

Die spanischen Eroberer verschifften das Silber der Inka aus dem Hafen Arica im Norden des heutigen Chile. Von hier aus stachen einst die schwer beladenen Handelskoggen der Spanier mit ihren wertvollen Schätzen in See. Von Arica führte schon im 16. Jahrhundert ein Weg durch die schwer zugängliche Küstenkordillere zu den hier auf kürzester Entfernung steil auf über 5000 Meter Höhe ansteigenden Anden. Dort oben, im heutigen Bolivien, lag das »El Dorado« der Spanier. Indianische Sklavenarbeiter entrangen den unterirdischen Gruben der legendären Minenstadt Potosí vor allem Silber und Kupfer. Die wertvolle Beute aus der lebensfeindlichen Bergwelt vermehrte den Reichtum Spaniens und brachte Tausenden von Einheimischen den Tod.

Arica ist über 400 Jahre später auch der Ausgangspunkt für unsere mehrwöchige Forschungsreise in die trockenste Wüste der Welt, die chilenische Atacama-Wüste. Geplant haben wir für die Expedition außerdem Abstecher in die Vulkanlandschaft auf dem Hochplateau, dem Altiplano. Wir sind jedoch nicht auf der Suche nach Gold und Edelmetallen, wir halten uns im Gebiet der Inka zu Forschungszwecken auf, wie einst Alexander von Humboldt knapp 1000 Kilometer weiter nördlich. Auf den abgelegenen Hochebenen der Anden hoffen wir bislang unbekannte Lebewesen zu entdecken, die uns bei der Lösung eines uralten Rätsels helfen können: Wie entstand vor über drei Milliarden Jahren das erste Leben auf unserem Planeten? Auch im Zeitalter der Computer und der voranschreitenden Gentechnik ist diese Frage nicht geklärt. Sie ist eines der letzten großen Rätsel der Naturwissenschaften.

72 (Vorhergehende Doppelseite) Heißer Dampf steigt morgens aus den Geysiren am Fuß des Tatio-Vulkans in Nordchile. Das höchstgelegene Geysirfeld der Erde ist gefährlich. Die Ränder der brodelnden Löcher sind brüchig.

Die Frage nach der Schöpfung des Lebens hat alle Kulturen der Menschheit bewegt. Deshalb ist die Klärung der Herkunft des Lebens nicht nur von wissenschaftlichem Interesse. Sie wird Bedeutung für alle Religionen der Welt haben. Noch ist nicht klar, ob das Leben auf der Erde entstanden ist oder ob Kleinstlebewesen, so genannte Mikroben, vor Milliarden Jahren als Touristen auf einem Meteoriten auf der Erde einschlugen. Wenn wir wüssten, wie das Leben auf

Chile
PERU
BRASILIEN
BOLI-VIEN
CHILE
ARGENTINIEN
PAZIFIK
ATLANTIK
PERU
Tacna
Putre
Arica
TARAPACÁ
PAMPA DEL TAMARUGAL
ATACAMA
Salar de Surire
Vulkan Istuga (5530m)
Camina
Pisagua
Puchuldiza
Huara
Iquique
Pozo Almonte
SALAR DE UYUNI
Oruro
Lago de Poopó
Vulkan Irruputunco (5230 m)
BOLIVIEN
Ollague
Río Loa
Quillagua
PAZIFIK
Tatio Geysire
Chuquicamata
María Elena
Calama
San Pedro de Atacama
Toconao
Socaire
SALAR DE ATACAMA
Baquedano
Antofagasta
Laguna Miscanti
ARGENTINIEN
N
0
100
200
250 km

diesem Planeten entstanden ist, würde zugleich eine weitere Frage beantwortet werden können: Sind wir allein im Weltall? Oder könnte es irgendwo in dieser oder einer anderen Galaxie Leben geben?

Bis heute jedoch weiß die Wissenschaft nicht, wie sich auf der brodelnden Urerde Leben entwickeln konnte. Der mögliche Schlüssel zu dieser Frage sind weitgehend unbekannte Kleinstlebewesen, die so genannten Archaeen. Diesen Mikroben sind wir auf der Spur. Es ist keine einfache Suche, denn diese vermutlich ältesten Lebewesen der Erde sind mit bloßem Auge nicht zu erkennen. Das erschwert die Arbeit für die Biologen und das Filmteam in unserer Expedition.

AUFBRUCH INS HOCHLAND

Nach der Ankunft auf dem Wüstenflugplatz Arica im Norden Chiles überrascht uns die Leere der Landschaft: Kein Grashalm wächst auf dem ockerfarbenen Boden am Rand des Rollfeldes. So weit wir auch schauen, nirgendwo ist Bewuchs auszumachen. Verlassen wirken die Radarhäuschen des kleinen Flughafens vor dieser Kulisse. Der Asphalt über der Landebahn flimmert. Die noch weit entfernten, steil aufsteigenden Berge der Küstenkordillere scheinen zum Greifen nah, sie wirken wegen der klaren Luft ungewöhnlich plastisch und doch aufgrund ihrer monumentalen Ausmaße unwirtlich.

In dieser grandiosen Wüstenlandschaft wollen wir die Lebewesen suchen, die bisher noch kein Mensch gesehen hat. Ein auf den ersten Blick ungewöhnlicher Gedanke, dass wir ausgerechnet hier in dieser kargen Landschaft etwas finden könnten, das uns Aufschluss geben würde über den Ursprung allen Lebens auf der Erde. Doch wir haben von einsamen Quellen hoch oben auf dem Altiplano gehört. In der Einöde der Wüste soll es Wasserstellen geben, die dank ihrer Temperatur und ihrer sonstigen Beschaffenheit ideale Bedingungen für die Lebewesen bieten, die wir suchen.

Monatelang haben wir uns auf die Expedition vorbereitet, haben geologische Handbücher und sowjetische Generalstabskarten studiert, den Rat von Wüstenkennern und Wissenschaftlern aus aller Welt eingeholt. Wir fühlen uns gut vorbereitet. Unsere Ausrüstung umfasst 34 Kisten Gepäck – die persönlichen Gepäckstücke nicht mitgezählt. Das Bodenpersonal des kleinen Provinzflughafens ist von den vielen eigenartigen Gegenständen, der ungewöhnlichen Kameraausrüstung und den matt schimmernden Aluminiumkisten der Biologen sichtlich beeindruckt. Eine Expedition diesen Ausmaßes hat man hier noch nie gesehen. Zum Glück wurden die Zollformalitäten schon in Santiago de Chile sehr zuvorkommend und unerwartet rasch erledigt.

Auf dem Flugplatz in Santiago de Chile haben sich die deutschen Expeditionsteilnehmer zum ersten Mal getroffen. Der wichtigste Mann, Karl Otto Stetter, Professor der Mikrobiologie an der Universität Regensburg und auf seinem Gebiet weltweit einer der bedeutendsten Experten, ist direkt von einem Kongress in Florida gekommen. Mit seinen humorvollen Augen und seinem Münchener Naturell wirkt er mehr wie ein abenteuerlustiger Globetrotter als wie ein typischer deutscher Hochschulprofessor. Man spürt sofort, das ist kein verhärmter, spröder Wissenschaftler, sondern ein Energiebündel: Spürhund und Jäger in einem. Nur mit seiner speziellen wissenschaftlichen Ausrüstung, die hoffentlich die weite Reise gut überstanden hat, können wir die Lebewesen aufspüren, die wir suchen. Aus Frankfurt sind Kameramann Roland Breitschuh und sein Assistent Lars Schwetje angereist. Assistent Lars zählt mehrfach die großen und kleinen Gepäckstücke durch und ist froh, dass keines der vielen Gepäckstücke während der dreißigstündigen Flugreise von Frankfurt über Madrid und São Paulo nach Santiago de Chile verloren gegangen ist.

Am Ausgang des Flughafens – eine etwas übertriebene Bezeichnung für den Wüstenlandeplatz – erwarten uns unser Führer Martin Rihs und sein Fahrer Luis Lopez. Rihs ist Schweizer, Lopez ist indianischer Abstammung. Mit ihrer Hilfe ist das große Gepäck bald auf zwei Transportern verstaut. Von Deutschland aus haben wir versucht, unsere Expedition, die auf drei Wochen angesetzt ist, bis ins Detail vorauszuplanen. Doch schon auf dem Weg ins Hotel macht Martin Rihs unsere Aufbruchsbegeisterung zunichte.

»Ihr Programm ist in dieser Zeit nicht zu schaffen«, sagt er mit warnendem Unterton. Besorgt schauen wir uns an. Er erzählt uns von schwierigen Wüstenpisten, die nur ein langsames Vorankommen erlauben, und von der »Soroche«, der gefürchteten Höhenkrankheit, die fast jeden Menschen oben auf dem Hochplateau befällt. Wir haben uns zwar auch darauf vorbereitet, haben versucht, die Route den medizinischen Erfordernissen anzupassen, und die nötigen Medikamente schon in Deutschland beschafft, doch die eindringliche Warnung gibt uns zu denken. Wenige Tage später werden wir bitterlich spüren, wie Recht er haben sollte.

Nach der letzten Nacht in einem angenehmen Hotel – die folgenden Tage würden wir uns mit schlichten Camps in der Wüste begnügen müssen – beladen wir am nächsten Morgen unsere Allradfahrzeuge. Mehrere Kisten von der Universität Regensburg sind noch eingetroffen. Nach einer halben Stunde ist deutlich: Wir haben zu viel an Gepäck und Ausrüstung dabei. Ein weiterer Geländewagen ist nötig. Wie lange wird das unseren Aufbruch verzögern? Doch auch in Chile gibt es Wunder. Nur 15 Minuten später rollt ein zusätzlicher Jeep auf den Hotelhof.

Unsere Agentur hat einen weiteren wichtigen Ausrüstungsgegenstand in Santiago de Chile besorgt: eine riesige Gasflasche, fast zwei Meter hoch, gefüllt mit dem Schutzgas Argon, das Sauerstoff verdrängt. Mit dem Gas können Probentüten verschweißt werden, ohne dass die zu konservierenden Proben in Kontakt mit Sauerstoff geraten. Wegen der Explosionsgefahr ist der Transport solcher Gasflaschen mit dem Flugzeug verboten, daher wurde das Argon eigens aus dem über 1500 Kilometer entfernten Santiago de Chile per LKW herangeschafft. Wir werden die schwankende Gasflasche auf dem Pick-up-Geländewagen drei Wochen lang mit Skepsis beobachten.

Zum Transport der flüssigen Proben werden kleine Serumflaschen dienen. Auch die Filmausrüstung ist umfangreicher als üblich. Kran und Schienen, moderne Leichtgeräte, hat der Kameramann sorgfältig verpackt. Auf dem Küchenwagen sind mehrere Fässer festgezurrt, in ihnen befindet sich das Benzin für unsere kleine Karawane. Oben auf der Hochebene findet man Hunderte von Kilometern keine Tankstelle, und auf den steilen Straßen und Pisten werden die Jeeps zu hungrigen Spritfressern.

Die gewaltigen Entfernungen zwischen unseren einzelnen Etappen und die oft nur schwer erkennbaren Pisten mit ihren verwirrenden unbeschilderten Abzweigungen machen das Reisen im Norden Chiles mühselig und gefährlich. Niemals sollte der ortsunkundige Reisende in der Wüste die Piste verlassen. In der sengenden Sonne kann es Stunden dauern, einen im Sand stecken gebliebenen Geländewagen herauszuziehen. Auch Trinkwasservorräte sind nötig, denn oft gibt es über Hunderte von Kilometern keine Quelle und erst recht keinen Laden. Obendrein ist das Wasser, selbst aus den klaren Gebirgsseen, häufig brackig und daher ungenießbar.

EINE GEFÄHRLICHE GEGEND

Durch das Lluta-Tal wollen wir heute Abend Putre erreichen. Das von Aymara-Indianern bewohnte Dorf liegt zwar nur 150 Kilometer vom Meer entfernt, aber auf über 3000 Meter Höhe. Unsere Fahrt beginnt in einer Flussoase. Die Straße führt anfangs durch saftig grüne Felder, nach wenigen Kilometern aber schiebt sich blendend weißer Wüstensand an die fruchtbaren Äcker heran. Karl Otto Stetter nimmt seine erste Probe. Er ist skeptisch, ob in diesem heißen Sand Spuren von biologisch aktiven Substanzen zu finden sind. Aber ohne wissenschaftlich exakte Untersuchung kann man darüber keine begründete Aussage machen.

Die asphaltierte Straße führt uns immer höher hinauf in die Anden. Schroffe Felsformationen fehlen. Die Landschaft macht einen friedfertigen Eindruck. Der jedoch ist überaus trügerisch. Es

A

gibt in Chile eine erstaunliche Vielzahl von Vulkanen, insgesamt 2078 haben Geologen gezählt, von denen 55 gegenwärtig immer noch aktiv sind. Lange ging man davon aus, dass die Vulkane das Gebirgsmassiv der Anden geschaffen haben könnten, neuere Berechnungen ergaben jedoch, dass dieser Gebirgszug viel zu mächtig ist, als dass er vulkanischen Ursprungs sein könnte. Die zahlreichen Vulkane lieferten die Grundlage für den Reichtum der Inka. Diese geheimnisvollen Schlote sind die Schmieden und Destillierkolben der Unterwelt. Durch vulkanische Ausbrüche werden oft Blei, Kupfer, Quecksilber, Molybdän, Schwefel, Uran, Silber und Gold konzentriert. Während das Magma sich abkühlt und die Silikate zu Basalt oder Granit erstarren, bricht aufsteigendes heißes Wasser Gänge in das Gestein, in welche die erhitzten Elemente fließen und daraufhin zu Erzadern erstarren. Vor neun Millionen Jahren entstand so in einem Vulkandom das Silberlager des Cerro Rico, des »reichen Berges« von Potosí im heutigen Bolivien. Auch die bedeutenden Kupferlagerstätten in Chile gehen auf derartige Vulkantätigkeiten zurück. Kupfer ist das rote Gold der chilenischen Atacama-Wüste.

Tatsächlich haben nicht Vulkane, sondern gewaltige Kräfte tief aus dem Erdmagma die Gesteinsformationen geschaffen. Die Entstehung der in ihrer Kargheit wunderschönen Gegend haben Geologen der Universität Göttingen in den letzten Jahren enträtselt. Vor 25 bis 30 Millionen Jahren war das heutige Gebiet der Anden vermutlich ein ausgedehntes Flachland, aus dem sich nur einige Vulkane erhoben. Diese gewaltige Gebirgslandschaft wurde in den letzten 20 bis 30 Millionen Jahren um fast tausend Meter aufgestülpt. Ein langsamer, kontinuierlicher Prozess, bei dem es aber auch zu Furcht erregenden Erdbeben kam. Bei einer dieser Erschütterungen wurde ein gewaltiges Gebirgsmassiv in einem einzigen Hub um tausend Meter in die Höhe gehoben. Es entstanden gewaltige Schluchten, wie Geologen in jüngster Zeit durch die genaue Analyse der Gesteinsstrukturen festgestellt haben. Bislang glaubte man, dass die

73 (Linke Seite, oben) Mit dem Edelgas Argon wird der Sauerstoff aus einem Probenbeutel verdrängt. Viele Archaeen sterben als Lebewesen der Unterwelt an der Luft ab.

74 (Linke Seite, unten) Schon lange ist diese Tankstelle am Rande der Atacama-Wüste außer Betrieb. Für den Spritbedarf unserer Geländewagen mussten Benzinfässer mittransportiert werden.

Anden, wie viele Gebirge am Rand eines Kontinents, aufgrund der Plattenverschiebung der Kontinente entstanden sind. Doch das stimmt nicht mit dem heutigen Stand der Wissenschaft überein: Die Anden wurden vielmehr durch eine Hebung aus der Erdkruste herausgewölbt, die ein geradezu gigantisches Ausmaß hatte. 25 Millionen Jahre dauerte die Hebung der Anden, und die geologischen Untersuchungen deuten auf mindestens drei überaus dramatische Ereignisse hin. Theorien über die damaligen Erdbewegungen vermuten als Ursache ein unvorstellbar starkes Erdbeben. Es kann jederzeit wieder passieren, heute, morgen oder in zigtausend Jahren. Die Anden wachsen weiter. Mit Sicherheit wird es weitere Hebungsereignisse und vulkanische Eruptionen geben, die alles in den Schatten stellen werden, was Menschen je erfahren haben.

KLEINE BIESTER: DIE WELT DER MIKROBIOLOGEN

Langsam führt uns die Straße in immer höhere Regionen. Ab etwa 2000 Meter stehen rechts und links der Straße Kandelaberkakteen. Karl Otto Stetter ist fasziniert: Der Mikrobiologe ist auch ein begeisterter Botaniker. Er sammelt zu Hause in seinem Regensburger Garten Pflanzen aus aller Welt. Orchideen sind sein Hobby.

Karl Otto Stetter ist seit zwanzig Jahren Professor für Mikrobiologie an der Universität Regensburg. Diese Wissenschaftsdisziplin befasst sich mit Bakterien, Viren und Pilzen und mit ihren Auswirkungen auf die Stoffwechselvorgänge beim Menschen. Die von den Mikrobiologen untersuchten Kleinstlebewesen sind für unser aller Leben von großer Bedeutung. Noch immer gehen viele Menschen davon aus, dass Mikroben grundsätzlich schädlich sind, doch ihr Nutzen überwiegt den Schaden bei weitem. Antibiotika, Impfstoffe und Hormone, das segensreiche Penicillin und die Antibabypille sind ohne Kenntnis dieser Mikroorganismen nicht denkbar. Auch Milchprodukte, Backhefe und alkoholische Getränke, Aromastoffe, bestimmte Säuren für Lebensmittel werden mithilfe mikrobiologischer Aktivitäten hergestellt. Bei der Bierproduktion werden seit langem Mikroben verwendet. Trinkwasseraufbereitung und Abwasserreinigung ohne Mikroben entsprechen heute nicht mehr dem Stand der Technik. Sogar die chemische Industrie setzt auf mikrobiologische Prozesse bei der Enzymproduktion und der Herstellung von abbaubaren Kunststoffprodukten. Mikroben kommen bei der Erzlaugung und der Kohleentschwefelung in Industrieanlagen zum Einsatz. Zur Geschichte der Mikrobiologie gehören so bedeutende Männer wie Robert Koch, der nachwies, dass Bakterien Infektionskrankheiten verursachen, der englische Arzt Alexander Fleming, der 1928 das Penicillin entdeckte, und der Franzose Louis Pasteur, der den ersten Impfstoff gegen Tollwut fand.

Nach einer Kurve durch einen tiefen ockerfarbenen Einschnitt sehen wir auf einer Anhöhe vor einem grandiosen Tal, dessen Wände mehrere hundert Meter steil abfallen, eine alte Burg: einen Pukara aus der Vor-Inkazeit. Die Indianer haben die befestigte Anlage, die nur aus halbhohen Steinwällen besteht, an einem Platz mit einer phantastischen Aussicht auf die tiefen Täler errichtet. Die aufgeschichteten Steinwälle reichen uns nur bis zur Hüfte. Diese Anlage war einst eine wichtige Verteidigungsanlage der Menschen, die dort unten vor weit über tausend Jahren, lange bevor die Inka aus dem Norden einfielen, im fruchtbaren Tal eines kleinen Flusses vermutlich Ackerbau betrieben. Man nimmt an, dass diese älteren Völker, deren Fertigkeiten in der Weberei und in der Herstellung von Keramik und anderen Gegenständen den Techniken der Inka teilweise weit überlegen waren, zunächst von der Jagd nach Vicuñas gelebt haben. Später erst wurden diese Andentiere domestiziert und als Lama zum Haustier, das Wolle, aber auch Fleisch und Milch lieferte.

Wir machen eine lange Rast an diesem geschichtsträchtigen Platz, auch um uns an die zunehmende Höhe zu gewöhnen. Das Tragen der Filmausrüstung ist deutlich anstrengender als noch am Morgen, als wir uns auf dem Meeresniveau befanden.

IN EINER ANDEREN WELT

Erst Stunden später, nach Einbruch der Dunkelheit, erreichen wir das Ziel der ersten Tagesetappe: das kleine Gebirgsdorf Putre auf 3500 Meter Höhe. Die Fassaden vieler Häuser sind verfallen. Zahlreiche Ornamente aber zeigen, dass dieser Ort bis zur Jahrhundertwende bessere Zeiten erlebt hat. Die Silbertransporte vom Potosí machten hier Rast. Es gibt noch eine kleine Kirche von 1670. Doch unser Expeditionsteam hat dafür keinen Sinn. Alle klagen über Kopfschmerzen, der Blick trübt sich, und Mattigkeit macht sich im Team breit. Nur unsere indianischen Fahrer sind bester Stimmung. Einen Großteil der Ausrüstung laden wir gar nicht erst ab. Man hat uns versichert, dass Diebstähle hier bisher nicht bekannt geworden sind.

Am nächsten Morgen werden wir mit einem Ausblick auf schneebedeckte Sechstausender belohnt. Alles ist größer und weiter hier als in den europäischen Gebirgslandschaften. Die Gesteinsformationen wirken aufgrund ihrer Monumentalität und glatten Formen majestätisch. Aymara-Indianer treiben ihre Lamas aus dem Dorf. Putre hat ein raues Klima, und in der Aymara-Sprache bedeutet Putre »Ort der Traurigkeit«.

Wir spüren die Auswirkungen der Höhe jetzt am ganzen Körper. Die Nacht hat die Gesichter von allen gezeichnet. Schlaflosigkeit ist eine der bekannten Folgen der Höhe. Wir sind kurzatmig geworden. Langsam begreifen wir, dass wir längst in einer anderen Welt angekommen sind. Über endlose Serpentinen windet sich die einfache Passstraße immer höher hinauf. Nach einigen Kilometern verlassen wir die Straße. Die Angaben auf unseren Höhenmessern nähern sich der 4000-Meter-Marke.

Über eine Schotterpiste erreichen wir, abseits der Hauptstrecke, ein kleines verstecktes Tal. Auf den Hängen gedeiht nur noch die niedrige Steppenvegetation. Irgendwo hier soll es eine heiße Quelle geben. Gespannt suchen wir die Gegend ab. In dieser weiten Landschaft kann einem leicht etwas entgehen.

75 (Linke Seite, oben) Hunderte von Vulkanen prägen die Landschaft in Chile. Der Pomarape und der Parinacota sind die Wahrzeichen des Lauca-Nationalparks.

76 (Linke Seite, unten) Nachdem die wild lebenden Verwandten der Lamas, die Guanacos, Alpacas und vor allem die Vicuñas in den siebziger Jahren vom Aussterben bedroht waren, leben heute wieder Tausende dieser Tiere im Lauca-Nationalpark.

MANCHE MÖGEN'S HEISS – DIE GEHEIMNISVOLLEN ARCHAEEN

Es begann 1982 vor einem kleinen Eiland nahe der Küste Siziliens: Karl Otto Stetter verbrachte seinen Urlaub mit seiner Familie auf Vulcano. Auf dieser kleinen Insel gibt es noch einen aktiven Vulkan. Giftig gelbe Schwefeldämpfe ziehen über den Bergkegel. Wenige Meter von der Küste entfernt gibt es heiße Unterwasserquellen. Dank einer Taucherbrille, die ihm sein kleiner Sohn aufgeschwatzt hat, macht Stetter 50 Meter entfernt von einem beliebten Badestrand am Meeresgrund eine ungewöhnliche Entdeckung: Verfärbungen in den Quellen, die auf biologische Lebensformen hindeuten, scheinen ihm verdächtig. In solchen Situationen wurde schon immer sein Forscherdrang aktiviert. Er nimmt eine Probe. Im Labor daheim in Regensburg bestätigt sich sein Verdacht. Er hatte eine völlig neue Form des Lebens gefunden. Eine Bakterie, die bei 85 Grad erst aktiv wird. Bisher gehörte es zum Schulwissen der Biologie, dass Lebewesen Temperaturen über 60 Grad nicht überstehen. Menschen sterben, wenn ihre Körpertemperatur dauerhaft über 43 Grad steigt. Die meisten Tiere und Pflanzen überleben Körpertemperaturen von mehr als 50 Grad nicht. Bei Werten um 60 Grad beginnt normalerweise Eiweiß zu gerinnen. Bakterien aus dem bisher bekannten Lebensbereich des Menschen sterben während der so genannten Pasteurisierung, bei 80 Grad, mit Sicherheit ab.

Die Hitzeresistenz der neu entdeckten Bakterien war schon erstaunlich genug. Genetische Untersuchungen lieferten jedoch eine noch weit sensationellere Information. Diese Archaeen oder Archaebakterien, wie sie nach dem griechischen Wort archaios (»ursprünglich«) genannt werden, sind im Stammbaum des Lebens dem Ast zuzuordnen, dem auch Pilze, Pflanzen, Tiere und vor allem der Mensch angehören. Sie sind unsere ältesten Verwandten. Dem amerikanischen Wissenschaftler Carl R. Woese gelang es, mit der Sequenzanalyse der 16(18)SrRibonukleinsäure, die ein wichtiges Element der Ribosomen, der in jeder Zelle vorhandenen Fabriken für

77 *Karl Otto Stetter ist Professor für Mikrobiologie an der Universität Regensburg. Er erläutert, dass die Archaeen wohl nicht zu den Bakterien gehören, sondern einen eigenen Zweig im Stammbaum der Lebewesen bilden.*

die Proteinproduktion darstellt, die Abstammungsgeschichte aller Lebewesen zu bestimmen. Heute können Biologen anhand dieser Methode feststellen, welches Lebewesen von welchem anderen abstammt. Eine bisherige Theorie besagt, dass es einen gemeinsamen Urahn gegeben haben muss. Berücksichtigt man die Zustände auf der Urerde, spricht vieles dafür, dass dieser Urahn allen existierenden Lebens eine hyperthermophile Archaee oder ein sehr naher Verwandter gewesen sein muss. Diese Urviecher haben nach dem heutigen Stand der Wissenschaft schon lange vor den Dinosauriern auf der Erde gelebt. Als die Saurier vor 150 Millionen Jahren ausstarben, könnten die Archaeen in vulkanischen Schlammlöchern überlebt haben.

Sie leben dort, wo bisher kein Leben vorstellbar war. In kochend heißen Quellen, in scharfer Salzlauge, ätzenden Gewässern oder in klirrender Kälte. Sie sind Lebenskünstler, man nennt sie auch Extremophile – Wesen, die das Extreme lieben. Die für Menschen unerträglichen Umstände schätzen diese Archaeen nicht nur, sie bedürfen ihrer sogar. Viele von ihnen gehen bei Temperaturen unter 60 Grad ein. Sie benötigen die unwirtlichsten Umweltbedingungen, um überhaupt zum Leben zu erwachen.

FEUERZWERGE

Normalerweise fühlen sich Bakterien bei Temperaturen zwischen 20 und 40 Grad heimisch. Nicht so die Archaeen. Sie sind dort zu Hause, wo Vulkane, Schwefelquellen oder Unterwasserkamine am Meeresboden für Höchsttemperaturen auf dieser Erde sorgen. Die Ersten dieser Extremisten des Lebens wurden von amerikanischen

Wissenschaftlern Anfang der siebziger Jahre im Yellowstone-Nationalpark in den USA aufgespürt. Aus dem heißen Wasser der Geysire konnte der amerikanische Wissenschaftler Thomas Brock Schwefelmikroben der Gattung *Sulfolobus* (Schwefellappen) extrahieren. Diese Lebewesen wachsen erst in heißen Umgebungen um 60 bis 80 Grad. Sinkt die Temperatur unter 60 Grad, wird es ihnen zu kalt, sie stellen jede Aktivität ein und verfallen in eine Art Kälteschlaf.

Stetter untersuchte derartige Lebewesen und hatte aufgrund der Struktur eines Enzyms dieser zuerst entdeckten Archaeen den Verdacht, dass es weitere Hyperthermophile, starke Hitze liebende Mikroorganismen, geben könnte. Er fahndete vor allem dort nach ihnen, wo wasserhaltige Vulkangebiete zu finden sind, die heiße Gase wie Schwefelwasserstoff, Kohlendioxid und Wasserstoff aus der Erdkruste entweichen lassen. Diese Gas-Auslässe der Unterwelt, die so genannten Solfataren, bieten hervorragende Lebensbedingungen für hyperthermophile Archaeen. Sie lieben saure, sauerstofflose Sedimentschichten in Geysiren und vulkanischen Schlammlöchern. Man findet sie in Europa auf Vulcano und auf Island sowie im Regenwald auf Java.

Mittlerweile sind rund 50 Arten dieser hyperthermophilen Archaeen bekannt. Viele wurden erstmals von Karl Otto Stetter und seinen Mitarbeitern an der Universität Regensburg aufgespürt. Er gilt als Entdecker der Lebewesen, die Temperaturen von mehr als 100 Grad nicht nur überleben, sondern als Wohlfühltemperatur geradezu benötigen. Vor allem ist ihm die Kultivierung und Vermehrung dieser winzigen »Feuerzwerge«, wie er seine Archaeen liebevoll nennt, gelungen. Noch ist allerdings unbekannt, aufgrund welcher biochemischen Prozesse die Eiweißverbindungen der Archaeen die ungewöhnlichen Temperaturen aushalten.

Zu den Entdeckungen Stetters gehört beispielsweise die »rasende Feuerkugel«, eine besondere Archaeenart. Dieser *Pyrococcus furiosus* – der Wissenschaftler tauft seine »kleinen Höllentierchen«

78 Fast fünfzig Meter hoch wird heißes Wasser am Geysir in Puchuldiza in die Höhe geschleudert.

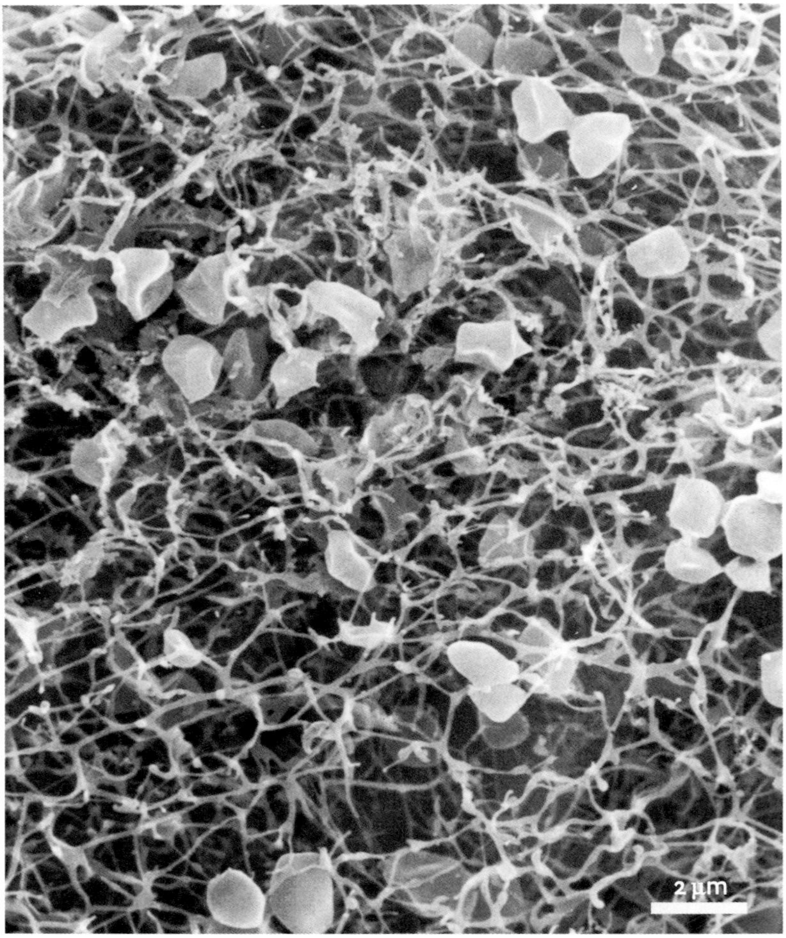

79 Das »Feuernetz«, Pyrodictium abyssi, *wächst noch bei Temperaturen von 108 Grad, während normales Eiweiß bereits bei 60 Grad gerinnt. Rasterelektronenmikroskopische Aufnahme.*

nicht selten mit humorigen lateinischen Namen – liebt Temperaturen um 100 Grad und wächst dabei rasant. Die Archaee verdoppelt sich innerhalb von zwanzig Minuten. *Thermoprotus*, eine weitere Art, benannt nach Proteus, dem griechischen Meeresgott, verfügt über eigenartige Vermehrungsmöglichkeiten durch Knospung. Bei *Pyrodictium*, dem »Feuernetz«, sind die Zellen durch ein dünnes Netz von Eiweißfäden verbunden, die fast an eine Nervenstruktur erinnern. *Pyrobaculum*, »der Feuerprügel«, gedeiht am besten bei 103

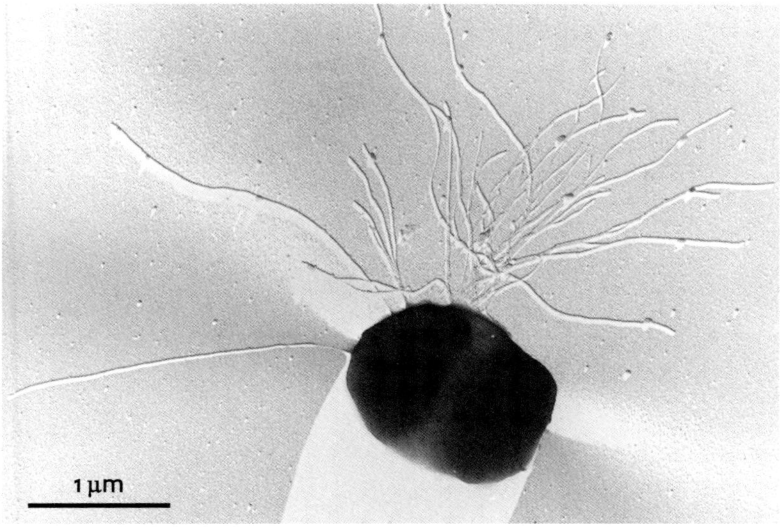

80 Pyrococcus furiosus *verdoppelt sich bei 100 Grad alle 20 Minuten. Die Zelle wurde mit Schwermetall bedampft. Transmissionselektronenmikroskopische Aufnahme.*

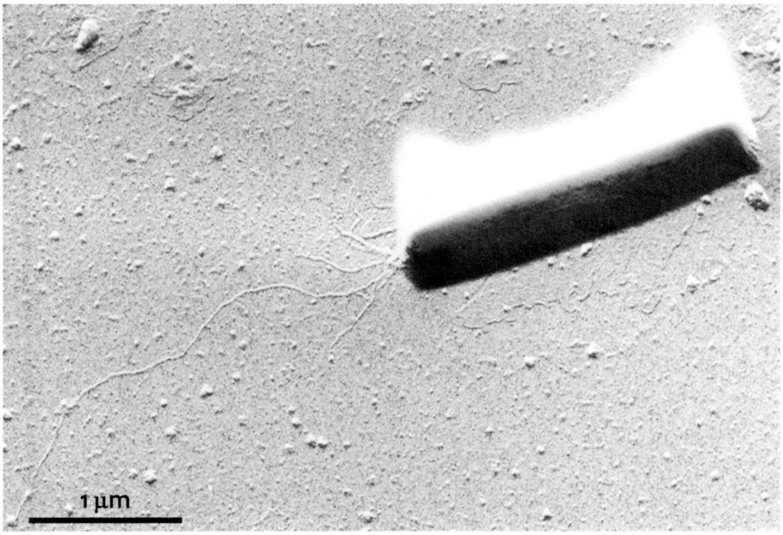

81 Pyrobaculum aerophilum, *der »Feuerprügel«, gedeiht am besten bei 103 Grad. Die Zelle wurde ebenfalls mit Schwermetall bedampft. Transmissionselektronenmikroskopische Aufnahme.*

Grad und ist nur ein zehntausendstel Millimeter groß. Einige dieser Gesellen bezeichnet Stetter als »kleine Bergleute«, weil sie in der Lage sind, Erz zu reduzieren, sozusagen abzubauen. Ein Allesfresser unter den Archaeen ist *Archaeoglobus*, der durch die Reduktion von

82 Archaeoglobus fulgidus *ist ein Allesfresser, er liebt Schwefelsulfat, aber auch Milchsäure, Zucker oder Stärke. Die Zelle wurde mit Schwermetall bedampft. Transmissionselektronenmikroskopische Aufnahme.*

Schwefelsulfat mit Hilfe von Wasserstoff zu Schwefelwasserstoff Energie gewinnt, aber auch Milchsäure, Zucker oder Stärke verspeisen kann.

Meistens jedoch gilt: »Was für uns der Schweinebraten, das ist für die Archaeen Schwefel, Wasserstoff oder anderes aus der Hexenküche der Unterwelt.« Viele der Archaeen leben nur unter Ausschluss von Sauerstoff; das entspricht der Situation in den Vulkanen. Doch irgendwie können sie außerhalb ihrer bevorzugten Temperatur und erstaunlicherweise auch unter Sauerstoffeinwirkung jahrelang überleben und so mit der Luft oder Meeresströmungen reisen.

Mittlerweile verfügt Karl Otto Stetter über die größte Sammlung dieser hyperthermophilen Archaeen, die oft kleiner als ein Mikrometer, also kleiner als ein tausendstel Millimeter sind. Er ist der bedeutendste Fachmann für Archaeen auf der Welt. Er unterrichtet nicht nur an der Universität Regensburg, sondern auch an der renommierten University of Southern California in Los Angeles. Stetter ist außerdem wissenschaftlicher Berater und Teilhaber der Biotechnik

Firma Diversa in San Diego, Kalifornien, die weltweit als Marktführer bei der Entdeckung und Herstellung von Enzymen und biologisch aktiven Substanzen aus in der Umwelt vorhandenem Material gilt. Das Unternehmen wird an der Nasdaq in New York notiert und ist Partnerschaften mit dem Pharma- und Chemie-Giganten Novartis eingegangen. Für seine Forschung über die hyperthermophilen Archaeen erhielt Stetter den »Oscar« der deutschen Wissenschaft, den mit bis zu drei Millionen DM dotierten Gottfried-Wilhelm-Leibniz-Preis, der von der Deutschen Forschungsgemeinschaft in Bonn verliehen wird.

Archaeen sind nicht nur für die Forschung von hohem Interesse. Wegen ihrer sensationellen Eigenschaften könnten sie die Grundlage für völlig neue Hilfstoffe sein. Mit aus Archaeen gewonnenen Stoffen hat man bereits die Herstellung von Cyclodextrinen aus Maisstärke optimiert. Sie werden in Kosmetika, Medikamenten und Unkrautbekämpfungsmitteln eingesetzt, da sie in der Lage sind, flüchtige Substanzen an sich zu binden. Medikamente, die mit diesen Stoffen geschützt sind, können vom Körper besser aufgenommen werden. Auch Kälte liebende Archaeen sind von industrieller Bedeutung, da sie bei tiefen Temperaturen aktiv sind, bei denen Lebensmittel und Duftstoffe konserviert werden; das macht sie für Lebensmittelfabriken und Parfümhersteller interessant. Salz liebende Archaeen, die so genannten Halophilen, können bei der Erdölförderung nutzbringend eingesetzt werden: Sie bauen bestimmte Hilfsstoffe ab, die bei der Bohrung eingesetzt werden, dadurch kann das Erdöl wieder dünnflüssiger und damit förderfähiger gemacht werden. Das sind nur einige der denkbaren Anwendungsmöglichkeiten dieser archaischen Formen des Lebens. Zukunftsforscher gehen davon aus, dass sich die Mikrobiologie zu einer der wichtigsten Wissenschaften im neuen Jahrhundert entwickeln wird.

Karl Otto Stetter hat bereits in über 2000 Meter Tiefe auf dem Meeresgrund, in unmittelbarer Nähe des 300 bis 400 Grad heißen

Dampfes, der aus Tiefseevulkanen strömt, Archaeen gefunden. Ziel unserer Expedition ist es nun herauszufinden, welche Archaeen in größter Höhe vorkommen. Das riesige Gebiet des chilenischen Altiplano wurde bislang nicht untersucht, obwohl es genau die Bedingungen bietet, die Archaeen lieben: extreme Hitze in heißen Geysiren, schwelfelhaltige Fumarolen – das sind Auslässe von heißen Gasen vulkanischen Ursprungs – und zahlreiche Mineralien, die den Archaeen als Nahrung dienen. Auch gibt es hier oben eine Besonderheit, die zu interessanten Mutationen geführt haben könnte: Auf dem chilenischen Altiplano siedet Wasser aufgrund des niedrigeren Luftdrucks bereits bei 85 Grad Celsius.

HEISSES AUS DER UNTERWELT

Wir dringen auf der Schotterpiste immer weiter in das Tal vor. Dann, nach einer Biegung, sehen wir leichten Nebel aufsteigen. »Das sieht gut aus«, meint Martin Rihs, und tatsächlich, nach einer weiteren Biegung gibt es kein Weiterkommen. Aus einem Wasserloch steigt heißer Dampf empor. Wäre es möglich, dass hier in rund 3700 Meter Höhe fernab jeder Zivilisation Lebewesen die Jahrtausende überlebt haben? Karl Otto Stetter zückt zuerst sein elektronisches Thermometer und stochert mit ihm im blubbernden Bodenschlamm der heißen Quelle. Die erste Messung im Tal von Jurassi ergibt eine Temperatur von nur 65 Grad.

Da mit der Höhe der Siedepunkt abnimmt, entspricht das wesentlich höheren Temperaturen auf Normalniveau. Es riecht eigenartig, verfault. »Das ist der Schwefelgeruch der Unterwelt«, ruft der Wissenschaftler lachend. Diese Gase deuten darauf hin, dass die Quelle mit magmatischen Schichten in Verbindung steht.

Karl Otto Stetter beschließt, Proben zu nehmen. Umfangreiche Vorbereitungen sind nötig, denn noch sind alle notwendigen Utensilien flugtauglich verpackt und verstaut. Immer besteht die Gefahr, dass man sich bei der Probennahme an dem fast kochend heißen Wasser verbrennt. Um sich davor zu schützen, setzt Karl Otto

83 Vorsichtig muss mit einem elektronischen Thermometer in einer heißen Quelle am Rand des Salzsees Salar de Surire hantiert werden.

Stetter auf ein bewährtes Hausmittel: Gewöhnliche Gummistiefel mit extra dicken Wollsocken trotzen der hohen Außentemperatur. Damit kann er es einige Minuten am Rand der Quelle aushalten. Skeptisch beobachtet Luis, der zum Assistenten des Forschers avanciert ist, wie der Mikrobiologe in der Quelle herumstochert. Seinem sonnengegerbten Gesicht ist anzusehen, dass er noch nicht recht weiß, was der Wissenschaftler in der Quelle eigentlich sucht. Stetter verstaut die Sedimentproben in seinen Kisten, dann geht es weiter.

Durch eine tiefe Schlucht fahren wir hinauf auf die Hochebene, den Altiplano. Vor uns eröffnet sich eine fantastische Aussicht. Wir machen gerade Rast, als wir zwei große schwarze Vögel über der Steppe fliegen sehen. »El Condor«, sagt Luis mit deutlich hörbarem Stolz in der Stimme. Wir schauen den majestätischen Vögeln, die ihre großen Kreise ziehen, fasziniert nach.

DRAMA IN DER NACHT

Mittlerweile hat die Höhenkrankheit uns schwer erwischt. Kopfschmerzen, Mattigkeit sind die harmloseren Symptome. Noch schlimmer ist: Wir sind in Zeitnot. Es ist schon Nachmittag, und wir sind noch mehrere Stunden Fahrzeit vom Salar de Surire, einem hochgelegenen Salzsee, entfernt. Schwarze Gewitterwolken ziehen auf. Gefährliche Blitze durchzucken die eindrucksvolle Gebirgskulisse. Wenige Augenblicke später befinden wir uns in einem mächtigen Sturm. Es fällt Schnee. Binnen einiger Minuten ist alles mit einer zehn Zentimeter dicken weißen Schicht bedeckt. Die Atacama gilt als die trockenste Wüste der Welt. »Wie kann das hier so nass sein?«, fragen wir uns. Die Antwort ist einfach. Absolute Trockenheit herrscht nur bis rund 3500 Meter Höhe. Hier oben auf 4600 Metern kommt es immer wieder zu heftigen Unwettern, die schon manches Menschenleben gekostet haben.

Die Straße versinkt im klebrigen Schnee. Die Witterungsbedingungen werden immer problematischer. Es schüttet wie aus Gießkannen. An ein Camp ist hier oben nicht zu denken. Es wird Nacht. Wir sind erstaunt, wie unsere chilenischen Fahrer trotz der Dunkelheit in der Bergwüste zurechtkommen. Auch ohne Karte finden sie stets die richtigen Fahrspuren. Nach Stunden erreichen wir eine abgedunkelte Polizeistation. Die Fahrer müssen hier ihre Ausweise vorlegen. Einsame Polizeiposten, auch mitten in der Wüste, sind in Chile nichts Ungewöhnliches. Doch eine Unterkunft gibt es hier für uns nicht. Wir fahren weiter.

Zwanzig Minuten später stoppt unser erster Jeep. Wir stehen vor einem breiten Strom. Nur schwach ist im reißenden Wasser vor uns die Brücke zu erkennen. Der durch das Unwetter stark angeschwollene Fluss hat die Auffahrten an beiden Seiten weggerissen. Immerhin, der Regen hat mittlerweile aufgehört. Martin Rihs geht voraus, um die Lage zu erkunden. Er verschwindet im Dunkeln. Die Jeeps teilen sich auf. Links und rechts der Brücke versuchen unsere Fahrer, eine Furt durch das wilde Wasser zu finden. Wir beobachten, wie die Scheinwerfer entlang des Stromes sich vorantasten. Dann plötzlich ein Schrei aus der Tiefe in wenigen Metern Entfernung. Vor uns ist ein Expeditionsteilnehmer zu weit auf der alten Rampe vorangegangen. In der Dunkelheit hat er nicht gesehen, dass die Straße abrupt in einem Abgrund endet und ist unverhofft ins Bodenlose gestürzt, hinab auf das harte Geröll des Flussbettes. Wir sind zutiefst erschrocken. Doch dann reckt sich im schwachen Licht der Taschenlampe ein Arm aus dem Dunkeln. Schnell ziehen wir den Gestürzten aus der Tiefe. Wie schwer sind seine Verletzungen? Doch er hat Glück gehabt und nur einige Schürfwunden davongetragen. Alle sind erleichtert. In dieser Nacht wird unsere Drehreise zu einer riskanten, lebensgefährlichen Expedition.

Kurz darauf findet einer unserer Fahrer eine Furt durch den Strom. Es ist stockdunkel, und die Scheinwerfer sind bei der holprigen Fahrt, die eigentlich ein schrittweises Vorwärtstasten durch den Fluss ist, nicht besonders hilfreich. Doch alle Fahrzeuge schaffen es durch das Geröll bis ans andere Ufer. Wir zählen noch einmal nach, ob alle Expeditionsteilnehmer über den Fluss gekommen sind. Dann geht die Fahrt durch die Nacht weiter. Manchmal kann man in einer Kurve im Scheinwerferlicht ahnen, dass wir auf einer Hochebene mit einer kargen Bodenvegetation unterwegs sind. Daher erreichen wir erst spät, es ist fast Mitternacht, die Polizeistation am Salar de Surire. Man will unsere Personalien feststellen, eine Routinesache im chilenischen Grenzgebiet zu Bolivien. Die beiden Andenstaaten sind nicht gerade befreundet.

Die Höhenkrankheit setzt uns immer mehr zu. Wir sprechen kaum noch miteinander. Martin Rihs, ein begabter Koch, bereitet ein Abendessen, doch die meisten von uns sind nicht mehr in der Lage, etwas zu sich zu nehmen. Nur der Tee ist gefragt. Wie eine schwere Grippe macht sich die Höhenkrankheit jetzt bemerkbar. Hinzu kommt für einige die Atemnot. Die rasenden Kopfschmerzen sind kaum auszuhalten. Einige haben den Coca-Tee von einem unserer Fahrer ausprobiert. Coca gilt als gutes Mittel gegen die Höhenkrankheit, ist allerdings mittlerweile in Chile verboten, da aus den Blättern der Coca-Pflanze auch Kokain gewonnen wird. Trotz des Coca-Tees geht es uns nicht gut. Die Nacht wird nicht nur kalt, die meisten von uns können erneut, trotz größter Erschöpfung, keinen

Schlaf finden. Einfachste Tätigkeiten werden zur Mühsal. Man hechelt schon beim Ausrollen des Schlafsacks.

SCHWEFELDÄMPFE AM SALZSEE

Am nächsten Morgen sehen einige Männer aus unserem Team aus wie ihre eigenen Schatten: Den Blick nach unten gesenkt, sitzen sie am Frühstückstisch. Ihre Bewegungen sind langsam. Das Herüberreichen einer Teetasse scheint Minuten zu dauern. Unter diesen Bedingungen brauchen wir für das Aufladen der Gelände-Jeeps wesentlich länger als geplant. Immerhin scheint die Sonne, aber wir müssen uns zwingen, den fantastischen Anblick, der sich von der Schutzhütte aus bietet, wahrzunehmen: Hell liegt der Salzsee vor uns, umrahmt von den Bergen, die sich in dem türkisfarbenen Wasser spiegeln.

Unser Ziel ist der äußerste östliche Rand des Salzsees. Dort vermuten wir weitere Quellen. Vorbei an Vicuña-Herden kommen wir rasch auf der Hochebene entlang des Salzsees voran. Die Sechstausender in der Ferne bilden eine grandiose Kulisse. Völlig unverhofft zieht, trotz des Sonnenscheins, Nebel über unsere Fahrspur. Am Ufer blubbert ein pechschwarzer Geysir. Gasblasen steigen aus dem Untergrund auf. Es stinkt höllisch nach Schwefel. Wir sind begeistert. Kein geologisches Handbuch verzeichnet diesen stinkenden Wasserspeier. Der Geysir vom Salzsee ist eine Entdeckung. Auch in einigen Metern Entfernung blubbert das Wasser.

»Das schaut aber gut aus«, freut sich der Professor. Er bereitet seine Ausrüstung vor: Thermometer und diesmal seine lange Angelrute aus Bambus. Vorne an der Spitze ist ein Gefäß für die Probenentnahme fixiert. Vorsichtig nähert er sich dem Geysir. »Das kann gefährlich heiß werden«, warnt er uns. Wir sind fasziniert. Die brodelnde Unterwelt haben in dieser Weise die wenigsten von uns bisher gesehen, und selbst Stetter, der schon viele Vulkane und Geysire erforscht hat, macht sich mit offenkundiger Neugier an die Untersuchung des nirgendwo verzeichneten Geysirs. Für ihn ist vor allem der Salzgehalt interessant. Am Horizont ziehen weitere Rauchschwaden über den tiefgrünen See. Das lässt vermuten, dass sich auch dort heiße Quellen befinden. Nur schwer gewöhnt man sich an den beißenden Schwefelgestank. Karl Otto Stetter nimmt an drei Stellen, die einige Meter auseinander liegen, Proben. Zuvor hat er den Säuregehalt und die Salzkonzentration gemessen. Er hantiert mit verschiedenen Tinkturen. Es sieht nicht besonders spektakulär aus, aber wir merken an seiner Konzentration, dass der geringste Fehler eine ganze Probe unbrauchbar machen kann. Kameramann Roland Breitschuh ist von der Szenerie begeistert und arbeitet intensiv an seinen Aufnahmen. Doch erst im Labor werden wir erfahren, ob wir hier oben etwas Interessantes gefunden haben.

Am Nachmittag setzen wir unsere Reise durch die Pampa de Surire fort. Erneut sind wir unter Zeitdruck, die großen Entfernungen sind nicht so einfach zu bewältigen. Wir befinden uns in der Nähe der bolivianischen Grenze. Rechts und links des Weges entdecke ich rote Schilder mit der Aufschrift »Minas«. Minen! Die chilenische Regierung hat in den letzten Jahren aus Angst vor illegalen Einwanderern die Grenze zu Bolivien vermint. Und wir fahren jetzt mitten durch ein solches Minenfeld. Zum Glück kann man eine Fahrspur erkennen. Über Funk werden alle Teammitglieder angewiesen, keinesfalls die Spur zu verlassen oder gar auszusteigen.

Erneut werden wir von der Dunkelheit überrascht, noch bevor wir unser heutiges Etappenziel erreicht haben. Ein Pfad ist nicht mehr auszumachen. Die Wagen holpern nicht mehr über die Steppe, sondern fahren jetzt ruhiger, und der Erdboden ist nicht mehr ockerfarben, sondern schneeweiß. Schon wieder Schnee? Die Landschaft wirkt wie verzaubert, sie ist überzogen von einer Salzkruste. Die Wagen stoppen, wir sind am Ziel: beim Geysirfeld von Puchuldiza.

Eine schneidende Kälte empfängt uns. Vorsicht ist geboten. Leicht kann man in die zahlreichen Geysire treten, deren bis zu einem Meter aufwallendes Wasser im Dunkeln wie ein Schneeberg aussieht. Es

TOYOTA
PELIGRO !
CAMPO MINADO
DANGER !
MINEFIELD

wird spät diese Nacht und eiskalt für einige von uns, die keinen wintertauglichen Schlafsack dabeihaben. In der Wüste ist es nicht immer heiß, so lautet die bittere Lektion dieser Nacht in den Bergen. Am nächsten Morgen sind unsere Zelte vereist. Die bis zu zehn Meter hoch sprudelnden Wassersäulen glitzern im ersten Licht des Tages. Im blauen Morgenlicht wirkt die Landschaft nahezu arktisch. Karl Otto Stetter bereitet eine Probennahme vor.

KRANK IN DER HÖHE

Einem von uns hat die kalte Nacht die Sprache verschlagen. Er ist heiser. Langsam schwillt erst seine Backe an, dann der gesamte Unterkiefer. Starke Cortisongaben helfen nicht, der Hals droht zuzuschwellen. Ein Gesichtsödem, eine der möglichen Folgen der Höhenkrankheit. Da hilft nur eines: sofort zum nächsten Arzt. Der ist allerdings in Iquique, einer Hafenstadt an der Küste, mehr als vier Stunden entfernt. Ein Jeep wird startklar gemacht. Martin Rihs will den Transport des Kranken übernehmen. Nachdenklich schauen die Zurückbleibenden dem sich schnell entfernenden Wagen nach. Der Rest der Expedition kümmert sich noch um die Probennahme und baut das Camp ab.

Nach fast zwei Stunden erreichen wir mit Martin Rihs die geschotterte Hauptstraße. Bei dem Patienten ist bislang keine Besserung eingetreten. Es sind noch Stunden bis zum Arzt. Ein rumpelndes Geräusch unterbricht die Fahrt durch die vegetationslose Gebirgslandschaft. Martin Rihs stoppt den Wagen vorsichtig an einem steilen Abhang. Ein Reifen ist auf der Schotterstraße geplatzt. Das Wechseln nimmt eine lange halbe Stunde in Anspruch. Nachdem der alte Reifen auf den Pick-up gewuchtet ist, geht die Fahrt weiter. Mittlerweile brennt die Sonne mit aller Kraft auf das Blechdach des Jeeps. Innen wird es unerträglich heiß. Noch ein, zwei Stunden bis zum Arzt. Ein Rumpeln bringt den Jeep erneut zum Schwimmen. Die Männer im Wagen blicken sich erschrocken an. Eine Kontrolle am Hinterrad bestätigt den Verdacht: die zweite

84 (Linke Seite, oben) In völliger Einsamkeit am Rande des Salar de Surire in Nordchile brodeln nach Schwefelverbindungen stinkende Quellen.

85 (Linke Seite, unten) Mitten durch ein Minenfeld führt die Fahrspur. Aus Angst vor illegalen Einwanderern gibt es heute noch zahlreiche Minenfelder im chilenischen Grenzgebiet zu Bolivien. Sie wurden ursprünglich von den Militärs während des Falkland-Krieges zur Abwehr einer möglichen Invasion aus dem Nachbarland angelegt.

Reifenpanne. Müssen wir nun in dieser Einöde auf ein zufällig vorbeikommendes Fahrzeug warten, das den Kranken mitnimmt? Martin Rihs bleibt gelassen und lädt den Wagen ab. Er hat unter seiner Plane noch einen zweiten Reservereifen. »Den kann man hier oben gut gebrauchen«, sagt er und macht sich mit konzentrierter Miene an die Arbeit.

Die Strecke führt vorbei am Gigante de Atacama, dem Riesen der Atacama, einer eckigen, fast neunzig Meter hohen Felszeichnung. Am Cerro Unita, einem einzeln stehenden Hügel, haben Menschen unbekannter Herkunft vor langer Zeit diese Figur, die vermutlich eine Gottheit oder einen indianischen Herrscher symbolisiert und am Besten aus der Ferne zu erkennen ist, in den Berg gegraben. Der Federschmuck oberhalb der Maske ist gut auszumachen und ebenso ein Herrschaftsstab an der Seite. Die Figuren wurden mit der sogenannten »raspaje«-Technik geschaffen: Die dunkle obere Schicht des Wüstenbodens wird dabei in den dafür vorgesehenen Partien abgeschabt, so dass das helle Gestein darunter zu Tage tritt. Auf diese Weise wurden große Linien in den Boden gezogen, die sich zu der Riesenfigur formen. An vielen Bergen in Nordchile – auch im Lluta-Tal, das wir zu Beginn unserer Expedition durchfahren haben – finden sich diese Geoglyphen, die zum Teil auch Tiere darstellen. Man kann Lamas und reptilienähnliche Gestalten erkennen. Ihre Bedeutung ist bis heute ein ungelöstes Rätsel. Vielleicht wiesen sie Nomadenvölkern den Weg zu den nächsten Wasserlöchern. Wahrscheinlich hatten sie jedoch eine religiöse Bedeutung. Doch es gibt auch abstruse Interpretationen: Sie wurden auch schon als Hinweise auf die Ankunft von Außerirdischen gedeutet.

Als Martin Rihs mit seinem Patienten die Tiefebene erreicht, geht es ihm wesentlich besser. Das Ödem hat sich zurückgebildet.

Am Nachmittag treffen sich alle Expeditionsteilnehmer in der Nähe von Iquique wieder. Hier ist die Wüste weit und flach, ohne jeden Bewuchs. Für die Trockenheit ist der Humboldt-Strom verantwortlich: Der kalte Meeresstrom, der von Süden nach Norden dicht an der chilenischen Küste entlangführt, bringt zwar viel Plankton an die chilenische Küste, die deshalb früher zu einem der fischreichsten Meeresregionen der Erde zählte, kühlt aber auch die Luftmassen über dem Pazifik ab. Kalte Luft kann wenig Feuchtigkeit transportieren. Nur Küstennebel unmittelbar vor dem ersten Höhenanstieg auf das Wüstenniveau bringen ein wenig Niederschlag in die dortigen Gebiete. Doch oben auf der Atacama kommt keine Feuchtigkeit mehr an. Und von Osten schirmen die hohen Anden diesen Wüstenstreifen ab.

DIE GEISTERSTÄDTE DER ATACAMA

Der deutsche Forschungsreisende Theodor Haenke fand Anfang des 19. Jahrhunderts in der Atacamawüste Salpeter. Dicht unter der Oberfläche liegt dieses Natriumnitrat, das ursprünglich nur für Sprengstoff verwendet wurde, bis man vor rund 150 Jahren eine ökonomisch bedeutungsvolle Entdeckung machte: Salpeter ist ein Nährstoff für viele Feldpflanzen. Ab Ende des letzten Jahrhunderts war er ein begehrter Dünger für die europäische Landwirtschaft. Von den Hafenstädten Iquique und Valparaiso aus brachten die schnellen Laeisz-Segler den Salpeter nach Hamburg. Als bekannt wurde, wie wertvoll diese Substanz war, schossen überall in der Atacama Salpeter-Tagebaubergwerke aus dem Boden. Arbeiter aus Südchile wurden in den Norden gelockt, um in der Glut der Wüste den Salpeter mit einfachen Werkzeugen aus dem Boden zu brechen – eine Arbeit von kaum vorstellbarer Härte.

Am Wegrand entdecken wir einen dieser Geisterorte, Humberstone. Als wäre er erst gestern verlassen worden, klappern noch Türschilder im Wind. Grasbüschel wehen durch die staubige Straße. Die kleinen Häuschen der Minenarbeiter sind in der trockenen Wüste außerordentlich gut konserviert. Rostige Maschinen, mit denen das Erz gemahlen wurde, sind auf der 1862 eröffneten alten Mine noch zu erkennen. Wir fühlen uns wie in einen Western versetzt. Die Holzveranden sind mit feinem Staub bedeckt, der heulende Wind lässt verzogene Haustüren knarren. Über einem Sportplatz schwingen mit leichtem Ping Ping noch alte Lampen in den Windböen.

Karl Otto Stetter nimmt Proben, denn Salpeter ist ebenfalls ein wichtiger Nährstoff für bestimmte Archaeen-Arten.

Die Arbeiter in diesen Minenbetrieben wurden nicht mit Geld bezahlt, sondern mit so genannten »Fichas«, Chips aus Bakelit, die nur in den teuren Läden und Kneipen des Bergwerkbesitzers ausgegeben werden konnten. So wurde sichergestellt, dass die Arbeiter nicht von ihrem Herren unabhängig werden konnten und abwanderten. Die Minenbesitzer zählten damals zu den reichsten Geschäftsleuten der Welt. Die Salpeterbarone konnten sich herrliche Holzpaläste mit gusseisenverzierten Balkonen und Veranden leisten. In den zwanziger Jahren des 20. Jahrhunderts beendeten dann deutsche Chemiker den Salpeter-Boom in Chile. Als Fritz Haber und sein Kollege Carl Bosch vor dem Ersten Weltkrieg entdeckten, wie Stickstoffnitrat künstlich hergestellt werden konnte, bedeutete dies das Ende für die Salpeterminen in Chile.

86 (Rechte Seite, oben) Die Bedeutung der archaischen Felszeichen am Rande der Wüste ist bis heute rätselhaft.

87 (Rechte Seite, unten) Die alten Friedhöfe der Salpeterarbeiter sind schauerliche Zeugnisse der harten Arbeitsbedingungen in den Minen. Der Wind hat die Inschriften von allen Grabkreuzen abrasiert und manches Grab freigelegt. Das Holz für die Grabstätten stammt oft aus deutschen Wäldern.

DER EINSAME MANN IN DER WÜSTE

Hundert Kilometer weiter in der Pampa de Tamarugal erkennen wir weitere Felszeichnungen an einem Berg. Auch diese Geoglyphen zeigen Tiere, die Lamas ähneln, und bis heute nicht gedeutete geometrische Zeichen. Wir machen Rast an einer heruntergekommenen Bahnstation. Kein Mensch ist zu sehen. Ein alter Güterwaggon steht wie vergessen in der Nähe eines kleinen Schuppens. Die Lagerhäuser sind nur noch Ruinen, ihre Dächer sind längst eingestürzt. Auf einer staubigen Fläche, die einst vielleicht ein belebter Bahnhofsvorplatz war, steht ein alter, halb verfallener Brunnen. Einen verlasseneren Ort kann man sich kaum vorstellen. Die Hitze lässt die Luft flimmern. Plötzlich bemerken wir vor einem Schuppen einen im Wind schwankenden Vogelkäfig. Zwei kleine bunte Vögel springen darin herum. Wenig später sehen wir einen alten Mann in

der Schuppentür stehen, sein faltiges Gesicht ist sonnenverbrannt. Regungslos schaut er in unsere Richtung.

Es stellt sich heraus, dass er ein alter Minenarbeiter ist. Nachdem er sein Misstrauen überwunden hat, erzählt er uns die Geschichte der Bahnstation. Von einer ertragreichen Diamantenmine in der Nähe, die jetzt stillgelegt ist, berichtet er mit so großem Stolz, als wenn es seine eigene gewesen wäre. 28 Jahre habe er in einer Salpetermine gearbeitet, verrät er uns mit der Würde eines Mannes, der, trotz aller Härte der Arbeit, mit Genugtuung auf sein Leben zurückblickt. In seiner Hütte hat er Fotos und mehrere Bände aufbewahrt, in denen die Buchhaltung von alten Minen dieser Gegend verzeichnet ist. Die großen Folianten geben Auskunft über die Arbeitsbelastung der »Mineros« und über ihr karges Einkommen. Bis zu zwölf Stunden betrug die tägliche Arbeitszeit.

Was wir denn suchen, fragt er uns und versteht nicht so recht, was es mit den Archaeen auf sich hat. Doch er weiß von einem fernen Vulkan, der auf seiner Spitze ein großes Schwefellager haben soll. Schwefel ist eines der Hauptnahrungsmittel bestimmter Archaeen. Wir sind ihm für den Hinweis auf den Berg mit dem Namen Irruputunco dankbar. Als wir abfahren, winkt der alte einsame Mann noch lange hinter uns her.

Kurz – nach chilenischen Begriffen, das heißt also einige Stunden – fahren wir auf der Panamericana Richtung Süden, um danach ostwärts wieder hinauf zum Altiplano zu gelangen. Mitten in der Wüste stoßen wir auf eine saftig grüne Oase: Pica. Der Ort verfügt über eine Thermalquelle. Das Wasser reicht zum Obst- und Gemüseanbau. Pica ist für uns nur eine Zwischenstation. Erstmals können wir alle wieder gut schlafen. Die rasenden Kopfschmerzen verschwinden hier, auf etwa 2000 Meter Höhe, schnell. Wir können wieder scherzen und lachen.

Am nächsten Morgen hatten wir eigentlich mit der Ankunft eines weiteren Wissenschaftlers gerechnet. Aber Dieter Söll, Biochemiker und Professor an der amerikanischen Yale-Universität, verspätet sich anscheinend. Wir brechen ohne ihn auf und hoffen, dass er uns folgen kann. Verlässt man die Oase, ändert sich schlagartig die Szenerie. Es gibt nichts mehr hier, keinen Baum, keinen Strauch, kein Pampagras, nur Sand. Der Wind treibt kleine Windhosen über gewaltige Dünen, die an die Sahara erinnern. Die endlose Stille wird, sowie wir die Geländewagen verlassen, nur vom Knirschen des Sandes unter den eigenen Schritten durchbrochen.

Unser Konvoi hält an einer Düne, um die Aussicht auf Pica, die grüne Oase in diesem Sandmeer, zu drehen. Eher routinemäßig nimmt Karl Otto Stetter auch hier eine Probe. Eigentlich ist in einem solchen Sand keine Mikrobe zu vermuten. Wir bemerken eine Staubwolke am Horizont. Bald können wir feststellen, dass sie von einem Fahrzeug aufgewirbelt wird. Dieter Söll hat es gerade noch geschafft, uns zu erreichen. Die beiden Gelehrten begrüßen sich herzlich. Sie arbeiten seit Jahren über den Ozean hinweg zusammen. Söll analysiert die genetische Struktur der von Stetter gezüchteten Archaeen. Seine Forschung findet derzeit weltweite Beachtung, weil seine Untersuchungen der tRNA die bisherigen Vorstellungen der Biologen über die Proteinsynthese revolutionieren könnten. Bisher hat der Biochemiker Söll, dessen Forschung hauptsächlich in den Labors von Yale in Connecticut stattfindet, jedoch noch nie einen Eindruck von der Feldarbeit Stetters erhalten.

Die spätere Laboruntersuchung der Probe aus dem heißen Wüstensand, die beiläufig hier genommen wurde, ergibt etwas sehr Erstaunliches: Sie enthält ein natürliches Antibiotikum, das sich fungizid, also pilztötend verhält. Besonders gut wirkt es gegen einen Pilz, der Gurken und Melonen verschimmeln lässt. Das werden aber erst einige Monate darauf in Regensburg durchgeführte Versuche belegen.

QUALEN AM IRRUPUTUNCO

Mit zunehmender Höhe löst rotes Gestein den feinen Sand ab. Von einem Pass aus sehen wir nach einigen Stunden Fahrt zum ersten Mal unser nächstes Ziel: Rauch steigt aus dem Gipfel des Irruputunco. 5230 Meter Höhe verzeichnet die Karte für diesen Berg. Wir fragen uns, wie wir mitsamt unserer Ausrüstung diesen Vulkan besteigen können. Sein qualmender Gipfel ist immerhin tausend Meter höher als der Mont Blanc. Was wird uns da oben erwarten?

Am Westrand des Salars, des Salzsees am Fuße des Berges, schlagen wir an diesem Tag unser Basislager auf. Schon hier weht ein starker und eisiger Wind, der den Aufbau des Camps erschwert. Als wir die Zelte errichtet haben, kehrt Martin Rihs von seiner Erkundung zurück. Der Aufstieg von der Südseite her wäre am einfachsten, berichtet er. Doch der Berg befindet sich unmittelbar an der Grenze zu Bolivien. Vermutlich ist an dem Pass im Süden mit Landminen zu rechnen. Aus Sicherheitsgründen entscheiden wir uns für einen Weg, der länger und steiler ist und durch einen Einschnitt an der Nordseite führt. Mit unseren Geländewagen wollen wir morgens um vier Uhr aufbrechen, um bei Sonnenaufgang zwei Stunden später am Fuß des Vulkans anzukommen und den Aufstieg zu beginnen. Gegen zehn Uhr vormittags wollen wir den Vulkangipfel erreicht haben. Das ist unser Plan.

Morgens um vier gibt es heißen Tee. Martin hat es irgendwie geschafft, doch noch ein kräftiges Frühstück zu zaubern, obwohl er seinen Wecker erst überhört hatte. Die Trekkingstöcke und unsere auf das Nötigste reduzierte Kameraausrüstung werden auf drei der Jeeps verladen. Dann brechen wir, noch im Dunkeln, auf. Erst geht die Fahrt quer auf Sandpisten über den Salar. Sie stammen von Exploratoren einer Minengesellschaft, die hier nach Kupfer gesucht haben. Nach einer Stunde biegt Martin Rihs ab, von nun an geht es quer durch die Pampa. Der Höhenmesser zeigt stetig wachsende Werte an. In tiefen Einschnitten neigen sich die Geländewagen oft bis zur kritischen Grenze zur Seite. Doch unsere Fahrer beherrschen ihre Jeeps.

Wir erreichen den geplanten Ausgangspunkt weit später als erwartet. Frostig kalt ist es, als wir im ersten Morgengrauen die

Bergstöcke abladen und noch mal die Ausrüstung überprüfen. Dann beginnen wir den Aufstieg, den wir auf drei Stunden kalkuliert haben. Wir sind gespannt. Keiner von uns ist Bergsteiger, und noch nie hat einer von uns einen so hohen Berg erklommen.

Anfangs kommen wir gut voran, obwohl wir die Höhe von über 4000 Metern deutlich spüren. Aber wir sind jetzt besser akklimatisiert als am Surire, keiner von uns klagt mehr über Kopfschmerzen oder Übelkeit. Wir sollten es nicht zu schnell angehen, hat uns Martin Rihs, der im Hauptberuf Bergführer ist, geraten, und wir sollen auf unsere Atmung achten. Also setzen wir vorsichtig Schritt vor Schritt und bemühen uns, die Luft möglichst tief aus den Lungen herauszupressen. Als über den Anden die Sonne aufgeht, blinken die Berge und weißen Salzseen im ersten Licht, und wir können in der klaren Luft unser Basislager in 30 Kilometer Entfernung am anderen Ende des Salars deutlich erkennen.

Bald haben wir die letzte Vegetation hinter uns gelassen. Nach einer Stunde machen wir die erste Pause. Die Stimmung ist hervorragend, und wir bestaunen euphorisch die Aussicht hinab in die über Hunderte von Kilometern sich ausbreitenden Hochebenen. In der nächsten Stunde zieht sich unsere Expeditionsgruppe in die Länge. Nicht alle kommen im gleichen Tempo voran. Längst haben wir unsere Gletscherbrillen aufsetzen müssen. Das Licht ist gleißend hell. Man spürt, dass die Luft mit jedem Meter dünner wird. Hinzu kommt, dass zwischen den Felsen immer mehr lockere Vulkanasche liegt, in die man einsinkt. Jeder Schritt wird dadurch doppelt anstrengend.

Dann kommen große Felsblöcke hinzu. Das Hinaufsteigen auf diese hohen Steinstufen ermüdet die Beinmuskeln, die jetzt immer weniger mit Sauerstoff versorgt werden. Die zwölf Kilo schwere Kamera wird zu einer bitteren Last. Schon das Einrichten für jede einzelne Einstellung, unten eine Routineangelegenheit für den erfahrenen Kameramann, wird zu einer körperlichen Anstrengung. Stunde um Stunde vergeht, und wir haben mittlerweile das Gefühl, kaum mehr voranzukommen. Doch der Höhenmesser verheißt Fortschritte. Martin Rihs ist sich sicher, dass der Vulkan auf dieser Route noch nie zuvor bestiegen wurde. Endlich, nach fast fünf Stunden, lassen wir das beinahe endlose Geröllfeld hinter uns. Erschöpft machen wir Rast. Wir beschließen, unsere Rucksäcke hier oben auf 4900 Metern zurückzulassen. Unbarmherzig brennt die Sonne vom Himmel.

Das letzte Stück bis zum Gipfel, ein gelbes Aschefeld, sieht nach der Pause gar nicht mehr so strapaziös aus. Doch der Irruputunco erweist sich als tückisch. Wir versinken bis zu den Knöcheln in der Asche. Mühsam bewegen wir uns in Serpentinen und mit kleinsten Schritten Meter um Meter voran. Wir lutschen Schwefel, der in gelben Stücken in der Vulkanasche liegt, um uns abzulenken. Mit Freude nehmen wir den stärker werdenden Schwefelgeruch wahr. Der Vulkanschlot kann nicht mehr weit sein. Nur noch hundert Meter über einen Grat, dann hoffen wir hinter einer Felsspitze in den Vulkan schauen zu können. Doch dieses letzte Stück zieht und zieht sich. Vergeht hier oben die Zeit langsamer? Endlich umrunden wir die Felsspitze und sehen den Vulkan rauchen. Entsetzen macht sich breit: Zwischen uns und dem Vulkantrichter klafft ein tiefes Tal, und auf der anderen Seite geht es fast senkrecht empor.

Deprimiert sinken wir zu Boden. Seit sechs Stunden gehen wir bergauf und sind jetzt nahezu am Ende unserer Kräfte. Bei Anbruch der Dunkelheit müssen wir wieder am Fuß des Vulkans sein. Die Ausrüstung für ein Biwak haben wir nicht dabei, eine Nacht hier oben wäre lebensgefährlich.

Voller Bitterkeit beschließen wir umzukehren. Doch dann will Dieter Söll es wagen. Erstaunlich schnell ist er in dem Tal. Dann beobachten wir, wie er sich den Anstieg heraufquält. Als er es schließlich geschafft hat, geht einer nach dem Anderen los und folgt seinen Fußspuren. Der steile Anstieg auf der anderen Seite ist mörderisch, doch so knapp vor dem Ziel mag keiner aufgeben, und jeder mobilisiert die letzten Kräfte.

BLICK IN DIE HÖLLE

Nach acht Stunden Aufstieg stehen wir am Rande des Vulkantrichters, der einen Durchmesser von einigen hundert Metern hat. Man kann tief in den Schlot hinabblicken. Ein Bild wie aus der Unterwelt: Gelb strahlender Schwefel raucht unter uns an den Felswänden des Trichters. Giftig grüne Schwaden ziehen an uns vorbei. Klaffende Felsspalten dienen den vulkanischen Gasen als Kamin. In dem ätzenden Rauch ist es kaum auszuhalten. Man bekommt ein komisches Gefühl im Magen bei dem Gedanken, hier am Rande eines Abgrundes zu stehen, der in direkter Verbindung mit der flüssigen Magma des Erdinneren steht. Auf der anderen Seite ist purer Schwefel zu sehen. Seine intensiv gelbe Farbe hat etwas Unwirkliches. Es zischt aus den zerklüfteten Poren des Vulkans.

Erstaunlicherweise haben wir alle den Aufstieg auf diesen 5230 Meter hohen Gipfel geschafft. Die schlimmsten Schrecken der Höhenkrankheit sind uns erspart geblieben. Insgeheim hatte Martin Rihs damit gerechnet, dass einer von uns so sehr unter dem Sauerstoffmangel leiden würde, dass er mit Übelkeit oder gar Schaum vor dem Mund, wie er bei einem beginnenden Lungenödem auftritt, wieder hinuntergebracht werden muss. Doch dazu ist es glücklicherweise nicht gekommen.

Dort, wo auf der anderen Seite der Schwefel zu sehen ist, zucken kleine Flammen. Der Schwefel brennt. Es müssen also Temperaturen von mehreren hundert Grad herrschen. An dieser Stelle hat es keinen Sinn, Proben zu nehmen. Wir müssten uns in den Schlot abseilen. Keine ungefährliche Sache, denn der brennende Schwefel erzeugt lebensgefährliche Gase. Wir bräuchten Gasmasken, wenn wir dort unten arbeiten wollten.

Am Horizont ziehen schwarze Wolken auf. Mittlerweile ist es schon 14 Uhr. Für den Abstieg werden wir zwar weniger Zeit als für den Aufstieg benötigen, doch was ist, wenn wir uns wieder verschätzen? Im Dunkeln ist der Abstieg zu riskant. Wir beschließen, umzukehren – keine leichte Entscheidung nach dem entbehrungs-

88 Am Vulkan Irruputunco scheitert unsere Expedition auf über 5200 Metern Höhe. Giftige Gase machen die geplanten Arbeiten unmöglich.

reichen Aufstieg. Noch einmal blicken wir in den Vulkan, dann machen wir uns enttäuscht auf den Rückweg. Wir nehmen jetzt eine andere Route. Nachdem wir ein Geröllfeld durchquert haben, rutschen wir fast wie auf Skiern ein kilometerlanges Aschefeld hinunter. Es geht wesentlich einfacher als beim Aufstieg, aber es kostet auch Kraft, immer wieder den Abwärtsdrang zu bremsen. Nach Stunden erreichen wir am Abend völlig entkräftet unser Basislager. An einen erneuten Aufstieg am nächsten Tag ist nicht zu denken.

OASE IN DER WÜSTE

Nach einer langen Fahrt, auf der uns kein Mensch begegnet ist, erreichen wir die Oase San Pedro de Atacama. Der Ort besteht nur aus wenigen Straßen, in denen Lehmhäuser im regionaltypischen Adobestil errichtet wurden. Der Baustoff hat einen besonderen Vorteil: Will man in einer Wand nach einiger Zeit doch noch ein weiteres Fenster haben, so kann man dies einfach herausbrechen, und genauso leicht können unnötig gewordene Fenster auch wieder mit Lehm geschlossen werden. Der Nachteil ist, dass bei schweren Regenfällen die gesamte Gebäudekonstruktion aufweichen kann. Doch geregnet hat es hier mitten in der Atacama-Wüste seit Menschengedenken nicht mehr.

Abends überlegen wir, welche Konsequenzen wir aus unserem Scheitern am Irruputunco ziehen müssen. Die großen Entfernungen bringen unseren Zeitplan immer mehr durcheinander. Keiner der Forscher kennt diesen Teil Chiles, es ist für sie eine Expedition ins Unbekannte. Am besten wäre es, besonders die schwer zugänglichen Untersuchungsorte aus der Luft zu inspizieren. Oft lässt sich bereits von oben erkennen, ob Geysire brodeln oder dampfen und damit die Vermutung nahe legen, dass dort Temperaturen herrschen, die den Archaeen Lebensraum bieten könnten. Wir hoffen, dass es dem Aufnahmeleiter Andreas Latz im fernen Hamburg gelungen ist, einen Hubschrauber aufzutreiben. Die Luft auf der Hochebene ist allerdings so dünn, dass nicht alle Helikopter hier fliegen können.

Den nächsten Tag verbringen wir in San Pedro de Atacama und seiner Umgebung. Das Wahrzeichen des Ortes ist eine weiße Kirche aus Adobe, die im Inneren besonders sehenswert ist. Ihr Dach besteht aus Kaktusholz. Die Hauptstraße heißt bis heute »Caracoles« (Schnecken), sie diente früher als Sattelplatz für die zur gleichnamigen Silbermine aufbrechenden Packesel. Diese Mine verdankte ihren Namen den zahlreichen Ammoniten im Gestein. Die Versteinerungen wussten die Spanier nur als Schnecken zu deuten.

Luis Lopez ist in San Pedro zu Hause, und er führt uns zu einem versteckt liegenden Inka-Tambo. An diesen kleinen Stationen wurden die Stafettenläufer ausgewechselt, die im Inka-Reich für die Überbringung von Nachrichten sorgten. Die Inka, die keine Schriftsprache hatten, benutzten Schnüre mit Knoten zur Übermittlung von Informationen. Das erinnert Söll an den genetischen Code, der aus langen Eiweißketten besteht und in jeder Zelle eines Lebewesen zu finden ist.

Bis auf eine kleine Wand stehen von dem Bauwerk der Inka nur noch einige Grundmauern. Es ist ein gut zu verteidigender Platz auf einem steilen Bergvorsprung, der nur über einen kleinen Weg zu erreichen ist. Wir finden Scherben von Tongefäßen aus der Inka-Zeit. Im nächsten Dorf werden Stoffe nach alter Methode in einem handgeführten Rahmen gewebt. Aus wenigen Grundfarben können die schönsten und unterschiedlichsten Muster entstehen, und aus verschiedenen Fäden ergibt sich ein neues Ganzes – so wie aus den Bestandteilen verschiedener Nukleinsäuren das Genom der Archaeen zusammengesetzt ist.

LEBEN AUS DEM WELTRAUM

Am Abend erwartet uns eine Überraschung. Morgen wird ein Hubschrauber unserer Expedition aus den Nöten helfen. Das Treffen findet in der Wüste statt, südlich der Oase. Mit Hilfe eines GPS-Handsenders bestimmen wir die genauen Koordinaten. GPS, das Global Positioning System, ursprünglich für die Raketen der U.S. Air

Force entwickelt, bestimmt anhand von Satellitensignalen überall auf der Welt den eigenen Standort auf mindestens 100 Meter genau.

Zur vereinbarten Zeit warten wir in der Wüste. Schließlich hören wir den Hubschrauber. Es ist ein kleiner, viersitziger Eurocopter, der in eine Höhe von bis zu 7000 Metern aufsteigen kann. Der Rotor wirbelt Sand auf, während wir zu der Maschine laufen. Hubschrauber fliegen ist wie Fahrstuhl fahren in freier Natur. Der Blick von oben ist nicht nur beeindruckend, sondern auch sehr aufschlussreich.

Die Laguna Miscanti, ein auf 4000 Metern Höhe gelegener See, wirkt wie eine Perle in der Landschaft. Doch am Ufer steigt nirgendwo Dampf auf, auch Geysire sind nicht zu erkennen. Wir fliegen weiter zum Salar de Talar. Die in vielen Erdfarben, von ocker über gelb bis grün schimmernden Berge spiegeln sich in der Lagune. Leider schrecken wir einige Flamingos auf. Bizarre Felsen wie aus einer Marslandschaft stehen östlich von hier auf einer Hochebene.

Wenig später erreichen wir einen großen Krater. Es ist kein Vulkan, er entstand vielmehr vor vielen Millionen Jahren durch einen Meteoriteneinschlag. Stetter erläutert uns hierzu eine zunächst unglaublich klingende Theorie: Es gibt Archaeen, die Temperaturen überleben können, wie sie im ewigen Eis herrschen. Ähnliche Bedingungen existieren auch im Weltraum. Es ist nicht auszuschließen, dass die Archaeen als blinde Passagiere auf einem Meteoriten reisend irgendwo aus der Tiefe des Weltraumes zur Erde gekommen sind. Das ist keine wilde Spekulation, sondern eine ernsthafte wissenschaftliche Hypothese. Es ist andererseits aber auch denkbar, dass dicht an der Erde vorbeirasende Meteoritenschwärme Gesteinsmaterial von der Erde mitgerissen haben und Archaeen von unserem Globus irgendwann später auf anderen Planeten eingeschlagen sind. Aufgrund der unterhalb der Oberfläche des Mars herrschenden Temperaturen ist es gut möglich, dass dort in großen Tiefen Leben in Form von Archaeen existiert. Proben von der ersten Marsmission der NASA werden deshalb auch in Regensburg von Stetter untersucht werden. Das ist eine große Ehre, sind doch nur

89 Ein Meteoritenkrater im Süden von San Pedro de Atacama. Kamen die Archaeen als »blinde Passagiere« mit Meteoriten zur Erde?

wenige Wissenschaftler für die Untersuchung von Marsgestein ausgewählt worden.

Der Sprit geht zu Ende. Wir landen in der Wüste, dort, wo der Bordmechaniker am Abend zuvor einige Benzinfässer deponiert hat. Nach einer Stunde ist der Helikopter aus den Fässern aufgetankt, und wir können wieder starten. Diesmal Richtung Norden in das Gebiet des Vulkans El Tatio. Während der Rotor langsam auf Touren kommt, blicken wir uns sorgenvoll an. Werden wir diesmal erfolgreich sein? Uns verbleibt noch eine Flugstunde, denn ab dem späten Vormittag gibt es hier oben gefährliche Scherwinde, die das Fliegen riskant machen. Vor einigen Wochen, so haben wir erfahren, ist in der Nähe, am Lincancabur, ein argentinischer Hubschrauber mit einem französischen Expeditionsteam an einer Vulkanspitze zerschellt.

Unter uns liegt die zerklüftete Landschaft des Val de la Luna und die über hundert Kilometer lange Cordillera del Sal mit ihren schroffen Felsstrukturen und den dazwischen liegenden Sanddünen. Die Astronauten der NASA trainierten in den sechziger Jahren in dieser unwirtlichen Landschaft für die Mondlandung. Vom NASA-Kontrollzentrum Houston aus wurde ein kleiner Mondroboter zur Erprobung per Funk durch diese Salzwüste geschickt.

Aus der Luft sind die zahlreichen Pisten der Minensucher zu erkennen. Wir nähern uns immer mehr dem 100 Kilometer von unserem Startort entfernten Tatio-Vulkan. Der Hubschrauber fliegt in einer Höhe von rund 5000 Metern über eine menschenleere, rotbraune Wüstenlandschaft. Kein Dorf, keine Hütte ist weit und breit zu sehen.

DIE HÖCHSTEN GEYSIRE DER ERDE

Weiße Rauchsäulen steigen vor uns auf. Das Geysirfeld des Tatio. Zu Füßen des Vulkans sind in einem Gebiet von fast zwei Quadratkilometern an die hundert Geysire aktiv. Einer schleudert seinen weißen Dampf fast fünfzehn Meter hoch in die glasklare Luft der Anden. Der Hubschrauberpilot zieht immer engere Kreise. Wir sind uns sofort einig. Das ist ein geeigneter Ort für unsere Suche nach dem Ursprung des Lebens, nach den Archaeen. Es ist ein erhabener Moment, hier oben, mit Blick über die Anden, die Ausdünstungen der Urerde zu beobachten.

Wir wollen schon abdrehen, als wir dünnen Rauch aus einem Seitental ziehen sehen. Der Pilot hat Schwierigkeiten, dicht heranzukommen. Das Tal ist eng, und der kleine Helikopter schwankt gefährlich in den Böen. Aus der Luft ist ein gewaltiger Schlammgeysir zu erkennen. Auch in seiner Umgebung brodelt es überall. Ganz sicher ein Erfolg versprechendes Ziel. Hier könnten die Archaeen sich wohlfühlen. Langsam kommt Wind auf. Es ist höchste Zeit umzukehren. Noch einmal schweben wir wie auf einer Wolke in einem leichten Windhauch über die Landschaft, die wir am nächsten Tag mit den Geländewagen durchqueren werden, um unsere Ausrüstung zu den Geysiren zu bringen. Nach der sicheren Landung sind wir froh, wieder festen Boden unter den Füßen zu haben.

Luis Lopez hat uns gesagt, dass die Geysire aus geheimnisvollen Gründen ihre stärkste Aktivität zwischen Sonnenaufgang und etwa neun Uhr morgens entfalten. Das klingt für uns erst etwas sonderbar. Geysire als Frühaufsteher? Doch Stetter wundert das nicht. Er kennt Geysire auf Island und im Yellowstone-Nationalpark in den USA, die auch ihre besonderen Rhythmen haben. Meistens ist für einen Ausbruch erst eine bestimmte Menge vulkanischer Gase nötig, die eine gewisse Zeit benötigen, um sich in der Tiefe eines Geysirs zu bilden.

Mitten in der Nacht brechen wir auf. Nach rund zwanzig Kilometern erreichen wir die Cuesta del Diablo, den Teufelsrücken. Im ersten Morgenlicht durchfahren wir die rötlichbraune Landschaft. Hier oben gibt es keine Kakteen mehr, nicht einmal die anspruchslose Yareta-Pflanze ist zu sehen. Serpentine um Serpentine windet sich die Schotterpiste durch die Geröllwüste in immer höhere Regionen. Nach einer engen Kurve stehen wir unverhofft vor den Auslässen der Unterwelt. Über vierzig Fontänen zischen in die klare Luft. Der blaue Himmel und die heißen Dampf ausprustenden Geysire verzaubern die Landschaft. Das dumpfe Dröhnen aus den Wasserlöchern hat hier nichts Unheimliches, sondern ist schlicht beeindruckend. Wir sind auf dem mit 4000 Metern höchsten Geysirfeld der Welt. Man fühlt sich der Erde entrückt, obwohl man doch der Urerde so nahe ist.

Stetter lässt seiner Begeisterung freien Lauf. Vor Freude wirft er die Arme in die Höhe und begutachtet die Geysire, die ihren Dampf bis zu fünfzehn Meter hoch schleudern, von allen Seiten. Es sind so viele, dass es ihm schwer fällt, eine Auswahl zu treffen. Neben dem größten Geysir errichten wir ein Camp. Kameramann Roland Breitschuh baut den Kran auf, und unsere indianischen Fahrer haben mittlerweile gelernt, wie ein Dolly, ein Kamerawagen auf Schienen, installiert wird. Die Männer der zehnköpfigen Expedition haben alle Hände voll zu tun. Heute werden sämtliche Kisten des Wissenschaftlers ausgepackt. Jedes Instrument, jede Vorrichtung, um Proben zu nehmen, kommt zum Einsatz. Es gibt hier oben keine Ruhe. Aus allen Bodenlöchern zischt und brodelt es. Bis zu einem halben Meter hoch kocht das Wasser in den Löchern, die Kanten der Auslässe, die mehrere Meter Durchmesser haben, sind teilweise brüchig und unterhöhlt. Noch liegt der Reif der frühen Morgenstunden zwischen den tosenden Geysiren. In der Nacht war es hier oben vermutlich sehr kalt. Bis zu minus fünfzehn Grad sinkt auch im Sommer der Südhalbkugel auf dieser Höhe nachts das Thermometer ab.

Das kochende Wasser, das in den vierzig Fontänen über zehn Meter hoch aus dem Boden schießt, ist überaus gefährlich. Mehr als einmal schon sind Menschen in die brodelnden Geysire gefallen und schlimm verbrüht worden. Auch Tote sollen die Geysire schon gefordert haben. Dieser Hexenkessel, der seine blubbernden Trichter, schäumenden Quellbecken und bunt schillernden Gebilde aus Stein und Schwefel immer wieder hinter feuchten Schleiern aus Dampf- und Nebelschwaden verbirgt, ist wie geschaffen für hitzeliebende Archaeen, das ergeben die ersten Bestimmungen der Temperatur und des Säuregehaltes.

Mit einer langen Stange fischt Stetter aus dem Sediment der Geysire seine Proben. Eine verfärbt sich nach Zugabe von Prüfsubstanzen kanariengelb. Das hat er noch nie erlebt. Später wird sich erweisen, dass das Wasser dieser Geysire hochgradig arsenhaltig ist.

Geysire entstehen, wenn Grundwasser auf vulkanische Gase oder Magma trifft und erhitzt wird. Sollten wasserundurchlässige Gesteinsschichten die Ausdehnung der Flüssigkeit unmöglich machen, steigt durch die Erwärmung der Druck. Aufgrund dessen siedet das Wasser erst bei wesentlich höheren Temperaturen. Unter dem gewaltigen Druck der Tiefe entsteht Wasserdampf, der beim

92 Die Welt der Vulkane und Geysire ist reich an Mineralien, bei deren Bestimmung größte Vorsicht geboten ist, denn manche sind giftig.

Aufstieg heißes Wasser und zahlreiche Mineralien mit ungeheurer Wucht nach oben reißt. Geysir ist ein isländisches Wort und bedeutet »wildes Strömen«.

Einige Geysire haben im Lauf der Jahrhunderte mehr als mannshohe Sinterablagerungen mit einer bizarren Oberfläche gebildet, die wie kleine Vulkane aussehen, aber nur heißes Wasser spucken. In den frühen Morgenstunden kondensiert das heiße Wasser in der kalten Bergluft. Wenn die Sonne die Luft erwärmt hat, wird dieser Prozess gestoppt, und die Geysire stellen das »Rauchen« ein. Die Erde bietet hier tatsächlich das Unterweltspektakel nach einem strengen Zeitplan.

90 (Linke Seite, oben) Aufgrund der dünnen Höhenluft kocht das Wasser in den Tatio-Geysiren schon bei 85 Grad.

WO DER TEUFEL KOCHT

Der Weg ins Nachbartal erinnert uns noch einmal an unseren Vulkanaufstieg. Doch diesmal erreichen wir schon nach einer Stunde Fußmarsch unser Ziel. Schon von weitem hören wir blubbernde Geräusche. Die Erde zittert. Zuerst erreichen wir einen See, der Ablagerungen in allen Farbschattierungen zeigt. Dahinter dröhnt ein

91 (Linke Seite, unten) In diesen siedenden Hexenkesseln leben Archaeen trotz der hohen Temperaturen.

vierzig Meter breiter Schlammvulkan. Dichter Dampf steigt auf. Meterhoch spritzt der hellbraune, heiße, matschige Sud der Unterwelt aus dem acht Meter breiten Trichter unter uns. Der Boden ist weich hier. Wir blicken in einen brodelnden Kübel, der einer Höllenphantasie entsprungen scheint. Dieser Schlammvulkan übertrifft alles, was wir bisher in Chile gesehen haben. Als wir uns dem Trichter nähern, sinken wir schnell bis zu den Knien in tiefen heißen Schlamm ein. Wir spüren, es wird gefährlich, und ziehen uns einige Meter zurück. Gerade noch rechtzeitig, um nicht von einem besonders starken Ausbruch des Schlammvulkans erwischt zu werden. Wir sehen uns in der Nähe um. Es gibt viele schmatzende Löcher, in denen es blubbert. Die Anhöhe, auf der wir jetzt stehen, hat einen merkwürdig roten Untergrund. Das ist kein Fels, sondern erkalteter Schlamm. Wir stehen auf einer Insel im Vulkantrichter. An einigen Stellen zittert der Boden unter unseren Füßen im Takt der Eruptionen. Aus den Felsspalten strömt kochend heißes, nach Schwefel stinkendes Gas. Das sind heiße Fumarolen, die auch den Archaeen Unterschlupf bieten, und es ist anzunehmen, dass sie in dem Schlammvulkan, der Lebensbedingungen wie auf der Urerde bietet, zu finden sind. Doch das werden erst die Untersuchungen der Biologen zeigen.

Wenn wir wieder einmal zwischen diesen Schlammlöchern vom Dampf und Rauch eingehüllt werden und die Vulkanspitzen in der Umgebung nur noch erahnen können, dann haben wir einen konkreten, sinnlichen Eindruck von den Bedingungen, die auf der Urerde geherrscht haben, als vor mehr als 3,6 Milliarden Jahren das erste Leben entstand.

ERSTE FUNDE AUS CHILE

Die Expedition zum Geysirfeld des Tatio ist unumstritten der wissenschaftliche Höhepunkt unserer Reise zu den Ursprüngen des Lebens gewesen. Wenige Tage später machen wir uns auf den Rückweg nach Deutschland.

Drei Monate darauf besuchen wir Karl Otto Stetter in Regensburg in der Oberpfalz. Die Universität, an der er lehrt und forscht, ist ein nüchterner Betonbau aus den siebziger Jahren. Stetter führt uns duch seine modernen Labors. Überall Reagenzgläser, Probenschränke. Seit unserer Rückkehr aus Chile haben seine Assistenten und zwanzig Studenten die umfangreiche Ausbeute untersucht. Das Aufspüren von Mikroben und ihre wissenschaftliche Bestimmung ist keine leichte Aufgabe. Es ist vor allem sehr zeitaufwendig, und wir sind froh, dass wir die ersten Ergebnisse schon begutachten können.

Die Reise war sehr erfolgreich. Außer dem bereits erwähnten Pilzgift, das wir in der Wüste bei Pica gefunden haben, wurden in den Proben viele weitere Lebewesen entdeckt, die zuvor noch kein Mensch gesehen hat. Am aufregendsten findet Stetter die Probe mit der Bezeichnung CH 11. Sie stammt von dem Tatio Geysir. Unter dem Lichtmikroskop mit tausendfacher Vergrößerung ist eine stäbchenförmige Archaee mit einer Art Hirschgeweih zu erkennen. Ein sehr komplexes Gebilde. Es ist sogar schon gelungen, Gene dieser neuen Archaee zu sequenzieren. Das Ergebnis ist für uns eine Sensation. Es handelt sich um einen neuen Abzweig im Stammbaum des Lebens und deutet auf eine besonders frühe Archaeenart hin. Um die einzelnen Zellen aus den Proben herauszusuchen, haben Stetter und seine Mitarbeiter für diesen Zweck ein Lasermikroskop entwickelt, das einmalig auf der Welt ist. Mit Hilfe eines Laserstrahls wird eine Zelle aus einer Probe durch die Schwingungen des Infrarotlasers »gepackt und festgehalten« und daraufhin so lange in einem Glasröhrchen verschoben, bis es weit entfernt von der untersuchten Stammlösung ist. Diese mühsam eingefangenen einzelnen Zellen werden danach in verschiedenen Nährlösungen angesetzt. Jede Archaee verspeist etwas anderes. Manche leben von Schwefel, andere von Eisen.

Bei den Untersuchungen der Proben aus Chile sind die Wissenschaftler auf eine weitere neue Archaeenart gestoßen, die in der Lage ist, einen hochgefährlichen Stoff abzubauen. In der Atacama gibt es eines der größten Perchloratvorkommen auf der Erde. Perchlorat ist hochexplosiv und wird als Raketenbrennstoff verwendet. Es war gar nicht so einfach, diese brisante Substanz als Nährmittel bei der Auswertung der Proben zu verwenden, da es beim Einsatz falscher Rezepturen zu Explosionen im Labor kommen kann. Der Versuch brachte ein erstaunliches Ergebnis: Die Forscher fanden eine Archaee, die Perchlorat reduziert, als Nährstoff benutzt und somit wirkungslos macht. Ein weiteres Fundobjekt, ebenfalls eine Archaeenart, macht sich über Eisen und also auch über Rost her. Vielleicht wird daraus einst ein neues Mittel entwickelt werden, das sich in vielfältiger Weise anwenden lässt. Viele dieser Organismen, die Nitrat abbauen, fanden sich bei den Geysiren von Puchuldiza.

Oben am Tatio wurde eine Abart des *Pyrobaculum* gefunden. Normalerweise beginnt diese Archaee erst bei Temperaturen von über 100 Grad zu leben. Dort oben in der großen Höhe hat sich ein *Pyrobaculum* jedoch so gut akklimatisiert, dass es bereits bei 65 Grad aktiv wird. Das wird vielleicht Hinweise darauf geben, wie es Archaeen schaffen, sich wechselnden Umgebungstemperaturen anzupassen.

Es müssen im Fachbereich Mikrobiologie der Universität Regensburg noch viele weitere komplizierte Untersuchungen mit den Proben durchgeführt werden. Sicher ist aber schon nach drei Monaten, dass unsere Reise nach Chile der Wissenschaft wesentliche neue Erkenntnisse geliefert hat, die ihr bei der Suche nach dem Ursprung des Lebens weiterhelfen werden. Nachdem die einzelnen Stämme erkannt und ihre Bestandteile enträtselt worden sind, werden die Wissenschaftler die Proben züchten. Zur Gewinnung von größeren Zellmassen hat Stetter in der Universität ein großes Biotechnikum errichtet, das er seine »Hexenküche« nennt. Es ist die modernste Fermentationsanlage der Welt zur Züchtung von hyperthermophilen Archaeen. In sieben riesigen Emailletanks mit Titaneinbauten, den so genannten Fermentern, können die Lebensbedingungen der

Archaeen in der Tiefsee, auf Salzseen oder in kochenden Vulkanen exakt simuliert werden. Erst wenn diese Anzucht gelungen ist, kann die gesamte Ausbeute der Chile-Expedition auf ihre genetische Struktur hin untersucht und damit der Platz dieser Archaeen in der Ahnengalerie des Lebens festgestellt werden. Für die nächsten Jahre sind noch einige Sensationen aus Stetters »Regensburger Mikrobenparadies« zu erwarten. Die werden sicher nicht nur Biologen begeistern, sondern für die gesamte Menschheit von Bedeutung sein, meint Stetter: »Ich glaube, dass die Archaeen sehr wichtig für die Herkunft des Menschen sind. Sie teilen ihre Gene mit uns. Wir können durch die Erforschung dieser Organismen unsere eigenen Wurzeln besser verstehen und so die Grenzen des Lebens besser erkennen. Wir können uns vorstellen, auf welchen anderen Planeten Leben in einer ähnlichen Form existieren könnte, wie wir es hier kennen.«

LITERATURHINWEISE

Brock, Thomas D.: Biology of Microorganisms. Upper Saddle River, New Jersey 2000.

Decker, Robert und Decker, Barbara: Vulkane: Abbild der Erddynamik. Heidelberg 1989.

Fritsche, Wolfgang: Mikrobiologie. Heidelberg 1999.

Perrotet, Tony: Chile. München 1997.

Seyfried, Hartmut; Wörner, Gerhard u.a.: Eine kleine Landschaftsgeschichte der Anden in Nordchile. In: Wechselwirkungen. Jahrbuch der Universität Stuttgart 1994. Sonderdruck

Stetter, Karl Otto: Manche mögen's heiß – Mikrobielles Leben an der obersten Temperaturgrenze. Blick in die Wissenschaft. Forschungsmagazin der Universität Regensburg Nr. 3, Seite 14–27 (1993).

Stetter, Karl Otto: Life in Extreme Environments. Comentarii Pontifica Academica Scientarium, Vol. IV, No. 3, The Origin and Early Evolution of Life. Vatican City (1997).

DER DIE STERNE ZÄHLTE

Nicht was Humboldt uns noch zu sagen hat, ist die Frage, sondern ob wir ihm gewachsen sind

Mit der Nachmittagsflut und auffrischendem Nordostwind verlässt am 5. Juni 1799 die »Pizarro«, ein nicht sehr schnelles, aber zuverlässiges Postschiff, die spanische Hafenstadt La Coruña. Bestimmungsort der Korvette ist Havanna. Mit an Bord: Alexander von Humboldt, Bergbau-Experte, Geograf, Naturforscher. In Venezuela wird er das Schiff verlassen, um Richtung Süden in die unbekannten Gebiete des Orinoco vorzustoßen. Wenn er im August 1804 nach Europa zurückkehrt, wird er einer der berühmtesten Reisenden sein, die je unterwegs waren. Die Menschen werden an seinen Lippen hängen und seine Bücher verschlingen. Alexander von Humboldts amerikanische Reise ist ein Wendepunkt der Neuzeit.

Nicht nur Humboldt, ganz Europa ist um 1800 im Aufbruch. Die Epoche der Aufklärung, die den Stern der Vernunft steigen ließ, hallt noch nach und wird doch schon von stürmischen Gegenbewegungen verdrängt. Herz und Gefühl, die Natur und das Ich werden zu zentralen Themen von Dichtung und Philosophie. Die Ideale der französischen Revolution triumphieren – allerdings mehr im Theater als im Alltag. »Große Menschen«, die Tyrannen stürzen und für politische Freiheit kämpfen, beherrschen die Bücher und die Bühne. Als sich die Gemüter beruhigen und der Theaterdonner verklingt, wird ein deutsches Hochplateau sichtbar, auf dem nur Genies Platz haben und das man bald »Klassik« nennen wird.

Humboldt bewegt sich auf dieser Hochebene so souverän wie in den südamerikanischen Anden. Goethe verehrt ihn und öffnet die Literatur für die Wissenschaften. In seinen »Wahlverwandtschaften«, einem der wirkungsreichsten Romane, die je geschrieben wurden, steuern wie im Chemielabor Anziehungs- und Abstoßungskräfte den Gang der Ereignisse. Und die arme Ottilie, eine der unglücklichsten Figuren in dieser Seelenwerkstatt, vertraut ihrem Tagebuch einen Stoßseufzer an: »Wie gern möchte ich nur einmal Humboldten erzählen hören!« Ein schöneres Denkmal als dieser sehnsüchtige Akkusativ ist dem preußischen Weltvermesser und Weltbürger, obwohl Tausende von Humboldt-Statuen den Erdball zieren, nicht mehr gesetzt worden.

Viele haben mehr Glück als Ottilie und können Humboldt hören. Vom Droschkenfahrer bis zu den Mitgliedern der Königsloge reicht das Publikum seiner legendären Berliner Vorlesungen der Jahre 1827/28, aus denen später Humboldts »Kosmos« hervorgeht: ein wissenschaftlicher Geniestreich über den Zusammenhang der Natur und die Einheit des Universums, der zum meistgelesenen Werk des 19. Jahrhunderts wurde. In den Berliner Vorträgen erfüllt sich das Motto, das Matthias Claudius seiner Zeit vorgegeben hatte: »Wenn jemand eine Reise tut, so kann er was erzählen.« Aber noch eine weit ältere Erfahrung finden die Zuhörer bestätigt: dass in »erzählen« vor allem »zählen« steckt. Humboldt, ein Virtuose der Wirklichkeit, erzählt von dem, was er tatsächlich gesehen, gezeichnet, gemessen, gezählt hat. Die Wahrnehmung ist faszinierender als alle Fantasie.

»Weißt du, wie viel Sternlein stehen?" hat Humboldts Zeitgenosse Wilhelm Hey, ein längst vergessener Dichter, in einem unvergessenen Lied gefragt und dann, bevor er seine Frage auch auf Mücken und Fische ausdehnt, im Refrain hinzugefügt: »Gott der Herr hat sie gezählet, / dass ihm auch nicht eines fehlet / an der ganzen großen Zahl.« Humboldt hat zählen geholfen. Vielleicht ist es das Schlichteste, aber auch das Größte, was man von ihm sagen kann: dass er sich der »großen Zahl« verpflichtet, zur Bestandsaufnahme der Schöpfung beigetragen hat.

Heute ist diese Schöpfung überall bedroht, wenn nicht zerstört, Humboldts Ruhm aber weltweit verbreitet – oder soll man sagen, in alle Winde zerstreut? Der größte Gletscher Grönlands, der sich 20 Grad vom Nordpol entfernt 100 Kilometer breit ins Meer schiebt, trägt ebenso seinen Namen wie eine Lilie, die an der Westküste

93 Alexander von Humboldt in seiner berühmten Bibliothek. Humboldt war einer der Ersten, der eine Art Netzwerk der Information aufbaute. Er fragte: Was sind Entdeckungen, was ist Wissen wert, wenn man es nicht verbreitet? (Farblithographie nach einem Aquarell von Eduard Hildebrandt).

Nordamerikas blüht. Ein erst 1974 entdeckter Abgrund auf dem Sarisariñama-Plateau in Venezuela, der mit 370 Meter Durchmesser und 314 Meter Tiefe wie das Tor zur Hölle wirkt, ist ebenso nach ihm benannt worden wie eine spezielle Pinguin-Art, die auf den Inseln vor Peru brütet. Den Humboldt-Strom, der antarktisch kaltes Wasser an den Wüstenküsten Südamerikas vorbei nach Norden führt, kennen viele. Aber wer hat schon einmal von der Humboldt-Gebirgskette gehört, die an der Grenze zwischen den chinesischen Provinzen Gansu und Qinghai liegt und von einem Sechstausender überragt wird? Und wer würde sich anmaßen, jenes gigantische Gebirge eines Reisewerkes zu kennen, das Humboldt selbst aufgetürmt hat: jene 30 Bände nämlich, in denen er die wissenschaftlichen Ergebnisse seiner Expedition nach Süd- und Nordamerika festgehalten hat?

Der Kontinent Humboldt – so befremdlich es klingen mag – ist noch immer weitgehend unerforscht. Zu gewaltig sind die Dimensionen, mit denen er uns konfrontiert. Alexander von Humboldt, das letzte Universalgenie der Neuzeit (wobei schon die Frage unabweisbar ist, ob es denn, wenn man ihn zum Maßstab nimmt, überhaupt andere vor ihm gegeben hat), wirkt wie ein Gigant, dessen Lebenswerk uns zu überfordern scheint.

Was ist er nicht alles gewesen? Physiker, Chemiker, Biologe, Physiologe, Geologe, Geograf, Kartograph, Sprachwissenschaftler, Diplomat, Anthropologe, Botaniker, Klimatologe, Mineraloge – und diese Liste ließe sich noch erheblich ausweiten! Er war sein eigenes Forschungsinstitut, seine eigene Universität, sein eigener Lehrkörper. Aber nicht nur um Reisen und Forschen, um Experimente und Untersuchungen ging es ihm, sondern auch um Menschenwürde, Gleichberechtigung und konkrete Hilfeleistung. Herrschaft und Herrschaftswissen abbauen, das war sein Ziel. Je mehr Fachwissen er sich erwarb, desto intensiver suchte er die Zusammenarbeit. Wissen zu sichern und zu teilen, mitzuteilen, war der Kern seiner Arbeit.

Die 200. Wiederkehr seiner Amerikareise hat den Blick für die Ströme des Wissens, die Alexander von Humboldt in Gang gesetzt hat, geschärft. Auch die Fernsehreihe *Humboldts Erben* möchte einen Beitrag dazu leisten und vor allem daran erinnern, dass es Humboldt um das Ganze ging, um den Zusammenhang der Welt, um das, was die Dinge im Innersten zusammenhält. Vielleicht ist es auch hier wie bei den großen Sternen, deren Licht lange braucht, bis es uns erreicht. Der Stern Humboldts fordert uns auf, ihn endlich wahrzunehmen, ernst zu nehmen. Jetzt, wo uns sein volles Licht trifft, werden wir beweisen müssen, dass wir ihm, der die Sterne zählen half, gewachsen sind.

Hans Helmut Hillrichs

GISELA GRAICHEN, geboren in Stendal, studierte Publizistik, Rechts- und Staatswissenschaften und ist diplomierte Volkswirtin. Von ihr erschienen u.a. die Bücher *Die neuen Hexen*, *Das Kultplatzbuch*, *Schliemanns Erben*, *Schliemanns Erben und die Botschaft der versunkenen Städte* und *Schliemanns Erben – Von den Schwarzen Pharaonen zu den Herren der eisigen Höhen*.

Als Fernsehautorin konzipierte sie für das ZDF die preisgekrönten Filmreihen *Schliemanns Erben* und *C 14* über die Forschungsergebnisse der Archäologie. Für die Reihe *C 14 – Archäologische Entdeckungen in Deutschland* wurde sie mit dem Deutschen Preis für Denkmalschutz ausgezeichnet.

HANS HELMUT HILLRICHS, geboren 1945, studierte Germanistik, Kunstgeschichte, Publizistik, Philosophie und Psychologie (Diplom). 1977 Promotion. Seit 1977 beim ZDF, u.a. als Programmreferent und Redakteur. 1990–1993 Leiter der ZDF-Redaktion »Kultur, Bildung und Gesellschaft«, seit 1993 Leiter der ZDF-Hauptredaktion »Kultur und Wissenschaft«. Autor und Herausgeber zahlreicher Veröffentlichungen zu kulturgeschichtlichen Themen und Medienfragen.

ANDREAS ORTH, geboren 1957, studierte Visuelle Kommunikation und Architektur an der Hochschule für Bildende Künste in Hamburg. Seit 1980 arbeitete er als Journalist für Hamburger Zeitungen und Magazine. Er hat seit 1985 rund 100 Beiträge für TV-Magazine wie *Kontraste*, *Panorama* und *Monitor* erstellt. Bei zahlreichen Dokumentationen und Reportagen für NDR, PREMIERE, WDR, ZDF und anderen Sendern hat er Regie geführt.1997 erhielt er den Ernst-Seidel-Preis der Deutschen Industrie- und Handelskammern für Fernsehberichterstattung.

PETER PRESTEL, geboren 1962, studierte an der Hochschule für Fernsehen und Film, München, Abteilung Dokumentarfilm. Seit

1986 ist er Autor und Regisseur zahlreicher TV-Dokumentationen für den Bayerischen Rundfunk, den Südwestrundfunk und das ZDF. Regiearbeit für die Reihen *C 14 – Schatzjäger in Deutschland* und *Schliemanns Erben* für das Zweite Deutsche Fernsehen. Co-Autor des Buches *Schliemanns Erben – Von den Schwarzen Pharaonen zu den Herren der eisigen Höhen*, herausgegeben von Gisela Graichen.

FRANK RIEDEL, geboren 1961, studierte Biologie, Geologie und Paläontologie an der Universität Hamburg. 1991 Lehrauftrag an der Universität Hamburg. 1992 Promotion. 1993 Wissenschaftlicher Mitarbeiter der Deutschen Forschungsgemeinschaft (DFG). 1994 Wissenschaftlicher Assistent an der Freien Universität Berlin am Institut für Paläontologie. Seit 1995 in der Baikal-Forschung tätig. Diverse Forschungsreisen im Rahmen evolutionsbiologischer Fragestellungen. Interdisziplinäre Untersuchungen in Zentralasien.

CHRISTIAN SPIERING, geboren 1948 in Perleberg, studierte Physik an der Humboldt-Universität zu Berlin. Promotion 1974. 1974–1978 Arbeitsaufenthalt am Vereinigten Institut für Kernforschung in Dubna nahe Moskau. Arbeiten auf dem Gebiet der experimentellen Teilchenphysik an Beschleunigern. 1978 Rückkehr an das Institut für Hochenergiephysik (IfH) in Zeuthen bei Berlin. 1983–1987 Teilnahme an einem Neutrinoexperiment am Protonenbeschleuniger im russischen Serpuchow. Ab 1988 Mitarbeit am Baikal-Neutrinoteleskop und Aufbau einer Gruppe »Neutrino-Astrophysik« am IfH. 1990/91 stellvertretender Direktor für Forschung des IfH, das 1992 Teil des Großforschungszentrums DESY wird. Seit 1992 Stellvertretender Leiter für Forschung von DESY-Zeuthen. 1994 Beginn der Mitarbeit am AMANDA-Neutrinoteleskop am Südpol. Autor von etwa 150 wissenschaftlichen Publikationen und des populärwissenschaftlichen Büchleins *Auf der Suche nach der Urkraft*.

BILDNACHWEIS

Astrofoto Bildagentur, Leichlingen: 51
Breitschuh, Roland, Wiesbaden: 77
Hanisch, Herbert, Kuppenheim: Nachsatz, 61, 63, 64, 68
Klute, Jürgen, Berlin: 67
Ledderose, Lothar, Heidelberg: 33, 36
Orth, Andreas, Hamburg: 72, 74, 75, 84, 90, 91
Riedel, Frank, Berlin: 60
Röpstorf, Peter, Berlin: 65
Schecker, Maximilian, Hamburg: Vorsatz, 1, 2, 3, 4, 5, 6, 7, 8, 9, 10, 11, 12, 13, 14, 15, 16, 17, 18, 19, 20, 21, 22, 23, 24, 25, 26, 27, 28, 29, 30, 31, 32, 34, 35, 37, 39, 40, 41, 42, 43, 44, 45, 46, 47, 48, 49
Schüppel, Holger, Kuppenheim: 50, 62, 66, 69, 70, 71
Schwetje, Lars, Mainz: 73, 76, 78, 83, 85, 86, 87, 88, 89, 92
Spiering, Christian, Berlin: 58
Splanemann, Frank, Berlin: 53
Stadtmuseum, Berlin (Besitzer: Berlin, Stadtmuseum Berlin): 93
Stetter, Karl Otto/Reinhard, Rachel, Universität Regensburg, Lehrstuhl für Mikrobiologie: 79, 80, 81, 82
Thiel, Christian, Berlin: 54, 56, 57, 59
Ullstein Bilderdienst, Berlin: 52
Unbekannt: 38
Wischnewski, Ralf: 55

Gisela Graichen (Hg.)

SCHLIEMANNS ERBEN
Von den Schwarzen Pharaonen zu den Herren der eisigen Höhen

Das Abenteuer Archäologie in seiner attraktivsten Form.

Die Themen:

Die Schwarzen Pharaonen.
Das geheimnisvolle Goldland im Inneren Afrikas: Deutsche Archäologen erforschen eine faszinierende, über zwei Jahrtausende vergessene Kultur.

Auf der Spur der ersten modernen Menschen.
100 000 Jahre alte Fußtritte im Sand, Steine eines Lagerfeuers und ein Nashorn... Das abenteuerliche Leben der ersten Menschen.

Im Diamantensperrgebiet von Namibia.
Relikte der Steinzeitmenschen und der deutschen Kolonisten – Funde im verbotenen Land.

Expedition zu den Felsbildern am Brandberg.
Rätselhafte Zeugen einer untergegangenen Kultur werden entschlüsselt.

Von der Salzstraße zur Trekkingroute.
Spuren vergangener Macht im Hohen Himalaya.

Der Herr der Hundert Pferde.
Hat der legendäre Herr der Hundert Pferde wirklich gelebt? Ein Aufsehen erregender Grabfund auf dem Dach der Welt.

256 Seiten mit 115, meist farbigen Abbildungen und 6 Karten
Gebunden mit Schutzumschlag

Die Serengeti lebt.
Die einzigartige Tierwelt Ostafrikas packend geschildert und meisterhaft fotografiert.

Reinhard Radke
Mit Bildern von Anup und Manoj Shah

SERENGETI
Fenster zur Schöpfung

Seit Bernhard Grzimeks Klassiker *Serengeti darf nicht sterben* (1959) ist diese Landschaft im östlichen Zentralafrika zum Symbol für die reine, unverfälschte Natur und zugleich zu einem Gradmesser dafür geworden, ob wir Menschen in der Lage sind, die Natur unseres Erdballs zu erhalten.

Der international preisgekrönte Tierfilmer und Zoologe Reinhard Radke schildert in seinem faszinierenden Buch das Zusammenspiel allen Lebens in der Serengeti.

Begleitet von den herausragenden Bildern der beiden berühmten Wildlife-Fotografen Anup und Manoj Shah erleben wir, dass dieser Nationalpark weder eine isolierte Arche Noah noch ein idyllisches Paradies ist.

Die Serengeti ist vielmehr der Glücksfall eines Fensters zur Schöpfung. Sie bietet eine Chance zu verstehen, wie zerbrechlich unsere Welt und wie kostbar und erhaltenswert sie ist.

288 Seiten mit rund 100 brillanten Farbfotos in neuartiger Drucktechnik mit Originalfotoqualität sowie 2 Karten
Gebunden mit Schutzumschlag

Gustav Lübbe Verlag